高等职业教育课程改革系列教材

智能电气设计 CAD

——SEE Electrical

主　编　刘　韬　吕金华

副主编　周　民　朱光波

参　编　武志鹏　赵中琦　胡衍志

　　　　李银玲　向　姿　王俊清

机 械 工 业 出 版 社

本书以实际电气工程项目为载体，通过工程项目的实施，引导学习者学习 SEE Electrical 电气设计软件的使用，使学习者可以深入浅出地理解电气设计的基本知识和技术规范，轻松快速地了解 SEE Electrical 的基本功能，全面熟练地掌握电气设计的基本技能。

本书电气设计实战性强，全书注重工程应用，强调务实操作，可作为高等院校电气自动化技术、电力系统自动化技术、机电一体化技术、机械制造与自动化等相关专业的教材，也可供工程技术人员自学或培训使用。

为方便教学，本书有教学网站、电子课件、练习题答案、模拟试卷及答案等教学资源，凡选用本书作为授课教材的老师，均可通过电话（010-88379564）或 QQ（2314073523）咨询，有任何技术问题也可通过以上方式联系。

图书在版编目（CIP）数据

智能电气设计 CAD：SEE Electrical/刘韬，吕金华主编. —北京：机械工业出版社，2019.10（2024.5 重印）
高等职业教育课程改革系列教材
ISBN 978-7-111-65170-3

Ⅰ.①智… Ⅱ.①刘…②吕… Ⅲ.①电气设备–计算机辅助设计–高等职业教育–教材 Ⅳ.①TM02 – 39

中国版本图书馆 CIP 数据核字（2020）第 051631 号

机械工业出版社（北京市百万庄大街 22 号 邮政编码 100037）
策划编辑：曲世海 责任编辑：曲世海 冯睿娟
责任校对：郑 婕 封面设计：马精明
责任印制：单爱军
天津嘉恒印务有限公司印刷
2024 年 5 月第 1 版第 7 次印刷
184mm×260mm · 10 印张 · 246 千字
标准书号：ISBN 978-7-111-65170-3
定价：35.00 元

电话服务 网络服务
客服电话：010-88361066 机 工 官 网：www.cmpbook.com
　　　　　010-88379833 机 工 官 博：weibo.com/cmp1952
　　　　　010-68326294 金 书 网：www.golden-book.com
封底无防伪标均为盗版 机工教育服务网：www.cmpedu.com

前　言

　　SEE Electrical 是由法国 IGE + XAO GROUP 研发的高效电气设计软件，它已经在航空航天、核电、工业自动化、轨道交通、冶金、电气成套设备等行业的电气设计领域被广泛应用。作为一款专业的电气设计软件，SEE Electrical 能够大幅提高电气设计的效率和标准化程度。该软件能够提供全新的电气设计体验，让电气图纸设计不再繁琐，而且趣味倍增。SEE Electrical 具有实现电气原理图绘制、自动生成接线端子排、一键生成物料清单等功能，同时支持 3D 机柜设计，直观展示电气元器件的空间排布等特点。

　　本书首先介绍电气设计软件的发展及电气设计相关规范，然后依次介绍 SEE Eelectrical 的发展历史、软件特点、安装方法和系统设置等。本书以工厂空调控制系统为设计对象，以 SEE Electrical 为设计工具，通过项目四～项目十，完整地介绍了如何新建项目、创建电气符号、绘制原理图、设计机柜以及管理电气项目等内容。各项目叙述详细、全面、易懂，并配有练习题和实训。

　　本书依据职业教育倡导的"基于工作过程"的课程设计理念，以实际电气工程项目为载体，通过工程项目的实施，引导学习者学习 SEE Electrical 电气设计软件的使用，有利于学习者深入浅出地理解电气设计的基本知识和技术规范，轻松快速地了解 SEE Electrical 的基本功能，全面熟练地掌握电气设计的基本技能。

　　本书由刘韬、吕金华任主编，周民、朱光波任副主编，参加编写工作的还有武志鹏、赵中琦、胡衍志、李银铃、向娈、王俊清。其中，刘韬与赵中琦负责项目一、项目二和项目三的编写，吕金华负责项目四和项目五的编写，周民负责项目六、项目七的编写，武志鹏负责项目八的编写，朱光波负责项目九和项目十的编写，胡衍志、李银玲、向栾和王俊清参与了全书的案例验证及校对等工作。

　　本书在编写过程中，得到了法国 IGE + XAO GROUP 中国分公司总经理杨旭先生及其团队提供的专业协助和技术支持，同时也参考了大量文献，还吸纳了典型工业用户的实际工程案例等，编者在此一并致谢！

　　由于编者水平有限，书中难免存在不足之处，恳请广大读者批评指正。

编　者

目　　录

项目一

电气工程制图概述

使用计算机绘图以及识读电气工程图是电气工程技术人员必须具备的能力。在学习 SEE Electrical 电气软件进行绘图之前，要先了解有关电气工程制图的相关知识。

本项目将带领读者初步进入电气工程制图的世界，让读者对电气工程制图的基本概念以及电气 CAD 技术的发展历史和应用有个基本认识。

 学习重点

1）掌握电气工程制图的基本概念。
2）了解电气 CAD 技术的发展史。
3）明确电气 CAD 技术的应用。

任务一 学习电气工程制图的基本概念

1. 电气工程制图

电气工程图是用图形符号、简化外形的电气设备、线框等表示系统中各组成部分之间相互关系的技术文件，它能具体反映电气工程的构成和功能，能描述电气装置的工作原理，并提供安装和使用维护的相关信息，可辅助电气工程研究并指导电气工程施工等。

电气工程制图，顾名思义，就是设计、绘制电气工程图。电气工程图的绘制方式包括手工绘图和计算机辅助设计制图（简称 CAD 制图）。

电气系统规模的不断变大、功能的多样化发展、线路复杂程度的加大、产品更新换代周期的缩短以及新产品的不断出现，使技术人员的文件编制工作越来越繁杂。采用 CAD（计算机辅助设计）制图，给专业技术人员进行文件编制工作带来了很大的方便。

2. 电气 CAD 技术

电气 CAD 技术是 CAD 技术应用的一个分支和现代信息技术的一种表现形式，是将计算机辅助设计和电气设计密切融合的一种技术，指人们利用计算机对电气、电子产品或电气系统工程进行设计、修改、显示、输出图纸或技术文件。

其工作过程是设计者对所需行业的电力、电气工程进行详细的分析，通过计算机辅助软件计算、制作、绘图、仿真以及模拟设计。设计者所设计的所有工程图通过 CAD 软件完美地表现出来，它体现的是将计算机的先进处理方式与电气设计人员的创造能力相结合的统一，这极大地缩短了电气设计的周期，同时提高了设计的质量。

任务二　了解电气 CAD 技术的发展历史

20 世纪前，图纸都是手工绘制的。设计者使用绘图工具、仪器等，根据工程或产品的设计方案、草图和技术性说明，绘制技术图纸。20 世纪初，出现了机械结构的绘图机，提高了绘图效率。20 世纪下半叶，随着计算机技术的发展，出现了计算机绘图，设计者需要将绘制的图纸编制成程序输入计算机，计算机再将其转换为图形信息输给绘图仪绘出图纸。

CAD 技术第一次出现在 20 世纪的美国，又被称为计算机辅助设计，其英文为 Computer Aided Design，同时它是一门集多种学科、多种技术相融合的新技术。其工作原理就是运用计算机软件作为辅助的设计工具，对需要制作的实物进行设计和模拟。其中，在设计过程中，通过计算机能够全面地展现出新开发产品的结构特征、外形特点以及色彩等各个方面的特性。由于这种技术极大地减少了传统手工绘图设计带来的诸多不便，在一定程度上不仅节约了设计成本，而且极大地提高了设计者的工作效率和管理者的工作质量，因此深受国内外广大设计者的喜爱。

电气 CAD 技术是随着机械 CAD 技术的进步而逐渐发展起来的。它主要经过了三个时期的发展阶段：一是 20 世纪 80 年代，早期的 CAD 主要解决自动绘图问题，是由于 AutoCAD 软件的普及而不断发展起来的最初阶段；二是 CAD 软件功能被划分得更详细，这一时期主要体现了直接面向客户以及市场的设计特点；三是计算机技术的不断发展和人们对高科技信息的需要，刺激了电气 CAD 软件的开发，该时期的技术主要是加大了电气厂家工程数据库之间的密切联系。在现阶段，电气 CAD 技术为了不断满足市场和客户的需要，已成为一门综合性应用技术，逐渐往高度网络化、专业化及智能化的方向发展，同时呈现出了各种技术之间不断融合的发展趋势。

国外发达国家的电气 CAD 技术起步比较早，由于其拥有充足的研发资金，并且注重对专业技术人员的培养和开发，因此电气 CAD 技术的应用已经达到较高的专业化水平。而我国电气 CAD 技术的发展与发达国家相比要晚一些，在借鉴国外先进技术的基础上，也取得了一定的成绩。

现在的电气工程制图软件五花八门，各有各的长处。国外应用比较普遍的有 AutoCAD、SEE Electrical、EPLAN、Elecworks 等。国内的有利驰 SuperWORKS、浩辰 CAD、中望 CAD 等。以下分别做简单说明。

1）AutoCAD（Autodesk Computer Aided Design）是 Autodesk（欧特克）公司首次于 1982 年开发的自动计算机辅助设计软件，用于二维绘图、详细绘制、设计文档和基本三维设计，现已经成为国际上广为流行的绘图工具。AutoCAD 具有良好的用户界面，通过交互菜单或命令行方式便可以进行各种操作。AutoCAD 广泛应用于建筑装潢、机械设计等领域，但是对于电气设计不具有针对性和便捷性。

2）SEE Electrical 是 IGE + XAO 公司开发的一款专业的电气 CAD 产品，具有近似 AutoCAD 的软件界面和操作方式，性价比高。SEE Electrical 提供的实时和自动生成功能，结合可靠技术，适用于管理项目和多种表格清单。SEE Electrical 兼容目前所有 Windows 系统。SEE Electrical 软件操作简单、方便，没有复杂的设置，使初学者能够快速地掌握软件的各项功能，并进行项目的设计。

3）EPLAN 公司 1984 年成立于德国，作为电气计算机辅助设计时代的先锋，一直是为电气规划、工程设计和项目管理领域提供智能化软件解决方案和专业化服务的全球标志性企业。EPLAN 结合了 Windows 和 AutoCAD 的操作风格，使用户有更好的操作体验。EPLAN 是一个项目管理软件，一切都是以部件为基础。学习者入门较难，主要是因为其软件自身对涉及的电气部分有自己的定义，比如符号、元件、部件的定义及使用。这款软件不仅仅是图形元素的编辑，更是有电气逻辑的应用，界面较复杂，操作难度大，适用于大项目开发。

4）Elecworks 是由 Trace Software 公司开发的，该公司拥有 30 年对工程 CAE（Computed Aided Engineering）软件的开发和服务经验，是一个国际性的专业工程软件公司。Elecworks 是一款高端电气设计软件，为工业电气及自动化工程设计提供解决方案。它采用标准的 Windows 操作界面，帮助设计师在更短的时间内完成更出色的设计。Elecworks 可以帮助工程师在项目最初阶段掌握单线图工具和元件管理功能。Elecworks 首次实现了由二维驱动三维的机电一体化设计，可以与 Solidworks 无缝连接。

5）国内常见的电气工程制图软件中，SuperWORKS、浩辰 CAD、中望 CAD 是几款比较常用的软件，大部分是基于 AutoCAD 平台二次开发的，具有良好的系统稳定性，与 AutoCAD 高度兼容，界面风格和操作习惯均保持一致，同时也具有各自的特点和倾向性，比如浩辰 CAD 是国内唯一拥有勘察设计行业一体化整体解决方案的厂商。但国产软件自主创新不足，且适用性不够广泛。

任务三 明确电气 CAD 技术的应用

随着计算机技术的进一步发展，计算机逐渐得到了普及。而电气 CAD 技术也被广泛应用于建筑行业、水利行业、工业自动化、电力能源以及城市规划设计等各种行业，并且逐渐被应用于服装设计、印刷排版等其他行业。电气 CAD 技术在一定程度上促进了电气行业的进步，取得了巨大的社会效益和经济效益。

目前，世界各国众多的公司都在使用 CAD 技术来进行各种设计，他们充分利用 CAD 技术绘图的立体感、真实感来满足设计的需要。CAD 技术早已成为衡量一个国家科技、工业现代化水平最重要的标志。熟练使用电气 CAD 是电气工程师必备的一项技能。

小　结

经过本项目的学习，读者应该对电气工程制图的相关知识有了清晰的认识，明确了本书的学习目的，以及选择 SEE Electrical 软件进行电气设计的优势。

 练习题

1. 电气工程图的含义是什么？
2. 电气 CAD 技术在哪些行业被采用？

项目二
学习电气工程制图基本原理

电气工程图是用来阐述电气设备或装置的工作原理，描述产品的构成与功能，提供安装和连接以及使用信息的重要工具和手段。为了规范电气工程图的内容和表达方式，设计者在制图时应该遵守现行有效的有关电气工程制图的规定和国家标准。本项目将对电气工程制图的基本常识以及相关规范进行详细说明，帮助读者奠定电气工程设计的基础。

 学习重点

1）了解电气工程制图的分类和制图流程等知识。
2）掌握电气工程制图的基本规范。

任务一 学习电气工程制图常识

1. 常用电气工程图分类

电气工程图是用图形符号、简化外形的电气设备、线框等表示系统中各组成部分之间相互关系的技术文件，它能具体反映电气工程的构成和功能，能描述电气装置的工作原理，并提供安装和使用维护的相关信息，可辅助电气工程研究并指导电气工程施工等。**常用电气工程图分类**具体如下。

（1）电气系统图或框图

电气系统图或框图主要是用符号或带注释的框概略地表示系统、分系统、成套装置或设备等的基本组成、相互关系及其主要特征。图2-1所示为某停车场监控管理电气系统图，车辆进入停车场，通过IC卡或ID卡设备收费，地感线圈感知到车辆已经进入感应区，由主控器起动闸道开关，开启闸道，另一侧的地感线圈感知到车辆已经顺利通过闸道区域，闭合闸道，完成停车过程。出口过程与停车入口过程基本类似。

（2）电气原理图

电气原理图是指用于表示系统、分系统、装置、部件、设备、软件等实际电气原理的简图，采用按功能排列的图形符号来表示各元件的连接关系，以表示其功能而不需要考虑其实体尺寸、形状或位置。图2-2所示为消防用水异步电动机主控制电气原理图，电源通过断路器到达接触器，下端由软起动器连接热继电器到达电动机，其软起动器上下两端分别接有接触器，当不需要软起动器时，接触器优先对应继电器使其闭合，并隔离软起动器。

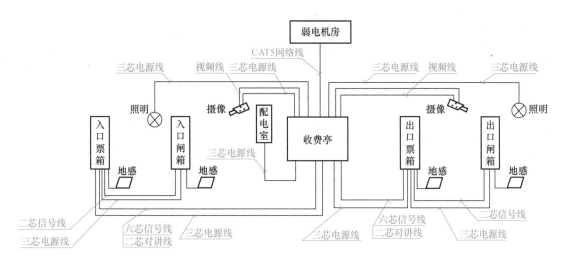

图 2-1 停车场监控管理电气系统图

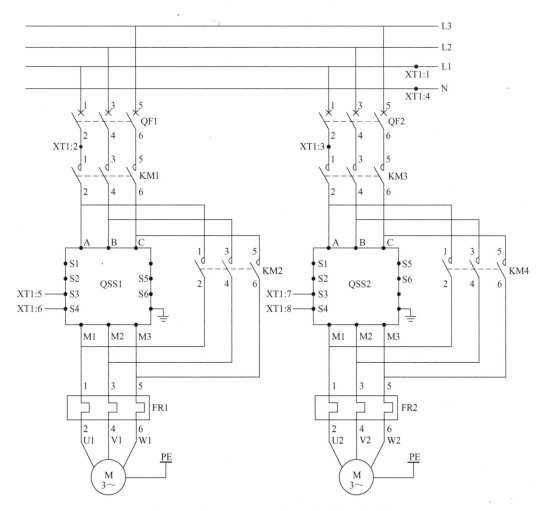

图 2-2 消防用水异步电动机主控制电气原理图

（3）电气接线图

电气接线图是表示或列出一组装置或设备的连接关系的简图。图2-3所示为某变电站的电气主接线图，35kV进线通过两个隔离开关、一个断路器进入星形-三角形联结变压器，再经电抗器分配到各支路中。

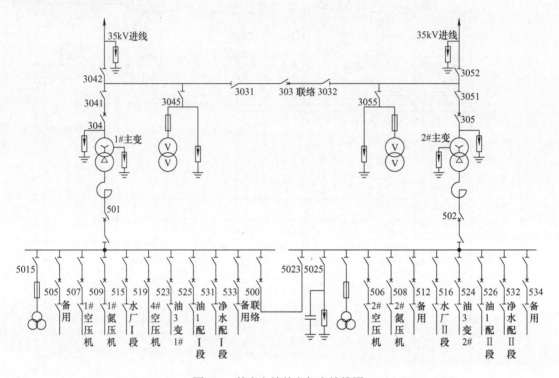

图2-3   某变电站的电气主接线图

（4）电气平面图

电气平面图一般在建筑平面图的基础上绘制，用于表示某一电气工程中电气设备、装置和线路的平面布置状况。图2-4所示为某变电所电气平面图，标明了变电设备的相对位置关系。

（5）设备元器件和材料表

设备元器件和材料表是把电气工程中所需的主要设备、元器件、材料及有关的数据均以表格的形式列出来，具体标明设备、元器件、材料等的名称、符号、型号、规格和数量等。

2. 电气工程制图流程

电气工程制图主要目的是便于实施电气控制设备的制造、安装，实现电气原理设计功能和各项技术指标，为设备的制造、调试、使用及维修提供必要的图纸资料。在正确的原理设计前提下，系统的可靠性、抗干扰性、可维修性及结构合理性等都与电气工程制图相关。

一般来说，电气工程制图最基本的过程可以分为以下4个步骤：

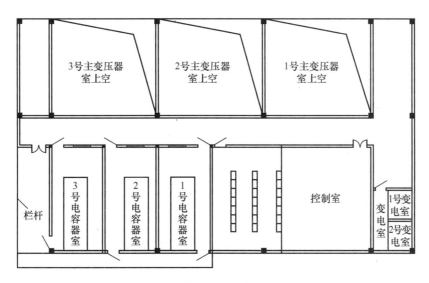

图 2-4 某变电所电气平面图

1）设计电气系统图。图 2-5 所示为电气系统图。设备由元器件组成，由于安装位置不同，在构成一个完整的电气控制线路或系统时必须划分为部件、组件等，同时还要考虑部件和组件间的电气连接问题。系统图应反映出电动机、执行电器、电气柜各组件、操作台布置、电源及检测元器件的分布状况和各部分之间的接线关系与连接方式，为机械电气设备总体装配调试及日常维护、故障处理的使用提供参考依据。因此，最先设计电气系统图，用图形符号、带注释的围框或简化外形表示系统或设备中各组成部分之间的相互关系及其连接关系，作为进一步编制详细技术文件的依据。同时，供有关部门了解设计对象的整体方案、简要工作原理和主要组成的概况。

2）设计电气原理图。电气原理图是用来表明电气设备的工作原理及各电气元器件的作用、相互之间关系的一种表示方式，一般由主控制电路、检测电路与保护电路等组成，是整个电气设计的中心环节。图 2-6 所示为电气原理图。电气原理图的设计是电气控制方案的具体化。电气原理图的设计没有固定的方法和模式，作为设计人员，应开阔思路，不断总结经验，丰富自己的知识，设计出合理的、性价比高的电气原理图。

3）设计电气系统的机柜图。电气系统的机柜图即布置安装图，是由安装面板、插件、插箱、电子元器件和机械零件等部件组装构成的整体箱柜图，用来表明各种电气设备在机械设备上和电气控制柜中的安装位置、方式和走线方向等信息，同时根据组件的尺寸及安装要求确定电气柜的结构与外形尺寸，设置安装支架。图 2-7 所示为机柜图。网络机柜的结构较为复杂，设计机柜布线图可以帮助使用者了解设备的安装位置与线路的连接状态，方便使用者升级或维修设备。

4）输出电气系统的资料。根据系统图、原理图、机柜图等资料进行汇总，分别列出接线表、布线表、接线图、电缆图、端子接线图等生产必须材料，同时整理出外购件清单、标准件清单及主要材料消耗额等，见表 2-1，这些是生产管理和成本核算必须具备的技术资料。

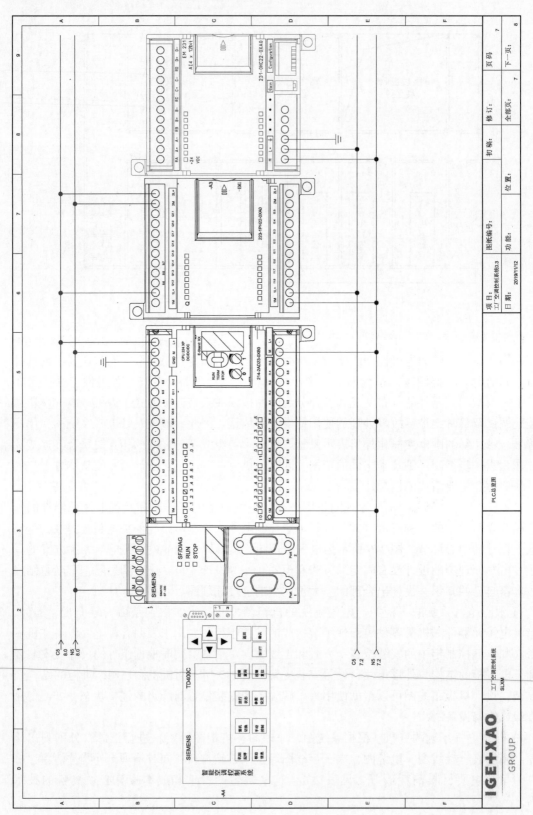

图2-5 电气系统图

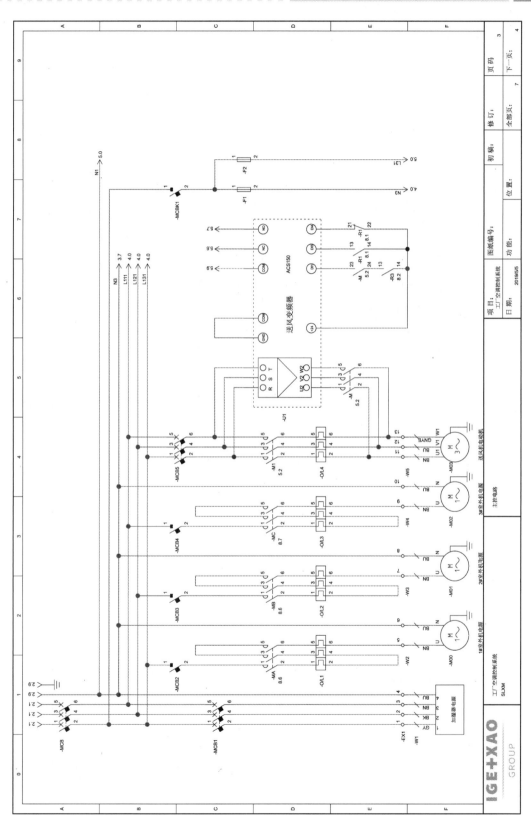

图 2-6　电气原理图

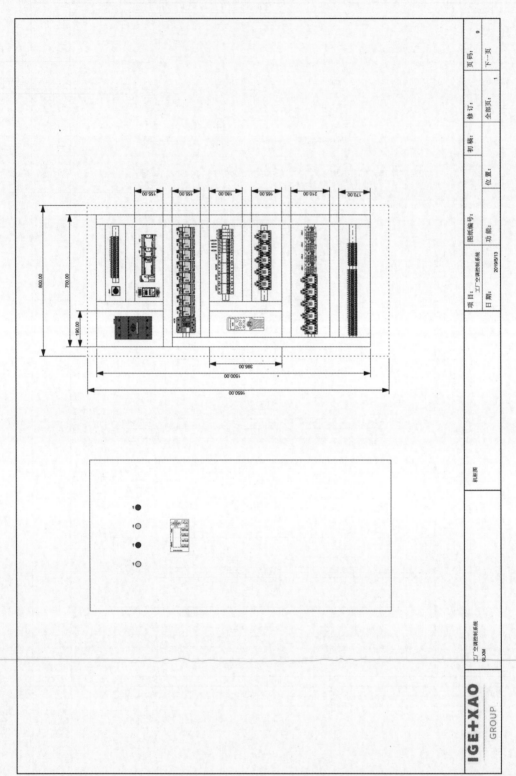

图 2-7 机柜图

表 2-1　备件列表

名称（－）	数量	类　　型	供应商	说　　明	制造商
－ A1	1	6ES7 214-2BD23-0XB8	SIEMENS	中央处理器 S7-200 CPU 224XP	西门子
－ A2	1	CTS7 223-1HF32	SIEMENS	数字混合模块 EM223	
－ A3	1	CTS7 231-OHC32	SIEMENS	模拟扩展模块 EM231	
－ A4	1	TD 400C	SIEMENS	控制屏	
－ EX1	35	M 10/10	ABB	feed through	ABB
－ EX2	12	M 10/10	ABB	feed through	ABB
－ EX3	22	M 10/10	ABB	feed through	ABB
－ F1	1	RT28-32/2A	正泰	2A	
－ F1	1	RT28N-32/1P	正泰	1 极底座	
－ F2	1	RT28-32/2A	正泰	2A	
－ F2	1	RT28N-32/1P	正泰	1 极底座	
－ F3	1	RT28N-32/1P	正泰	1 极底座	
－ F3	1	RT28-32/2A	正泰	2A	
－ H1	1	C L-502Y	ABB	黄色，24V AC/DC	
－ H2	1	C L-502Y	ABB	黄色，24V AC/DC	
－ H3	1	C L-502G	ABB	绿色，24V AC/DC	
－ H4	1	C L-502Y	ABB	黄色，24V AC/DC	
－ H5	1	C L-502R	ABB	红色，24V AC/DC	
－ M	1	S-T21BC 220V	MITSUBISHI	交流接触器	
－ M	1	3TB4012	demo	Coil 1NO + 2NC	
－ M00	1	193-BC1	ROCKWELL	ADJUSTMENT COVER FOR MOTOR PROTECTION RELAY 193-T	
－ M01	1	193-BC1	ROCKWELL	ADJUSTMENT COVER FOR MOTOR PROTECTION RELAY 193-T	
－ M1	1	S-T21BC 220V	MITSUBISHI	交流接触器	
－ M02	1	193-BC1	ROCK WELL	ADJUSTMENT COVER FOR MOTOR PROTECTION RELAY 193-T	
－ M2	1	S-T21BC 220V	MITSUBISHI	交流接触器	
－ M03	1	193-BC3	ROCK WELL	CURRENT SETTING PROTECTION COVER FOR MOTOR PRO TECTION	
－ M3	1	S-T21BC 220V	MITSUBISHI	交流接触器	
－ M4	1	S-T21BC 220V	MITSUBISHI	交流接触器	
－ M5	1	S-T21BC 220V	MITSUBISHI	交流接触器	
－ M6	1	S-T21BC 220V	MITSUBISHI	交流接触器	

任务二　学习电气工程制图的基本规范

　　通常，电气工程设计部门设计、绘制图纸，施工单位按图纸组织工程施工，因此图纸必须有设计和施工等部门共同遵守的一定的格式和一些基本规定。本任务扼要介绍国家标准 GB/T 18135—2008《电气工程 CAD 制图规则》中常用的有关规定。

　　1. 图纸的幅面和格式

　　（1）图纸的幅面

　　绘制图纸时，图纸幅面尺寸应优先采用表 2-2 中规定的基本幅面。

表 2-2　图纸的基本幅面及图框尺寸　　　　　　　　　　　　（单位：mm）

幅面代号	A0	A1	A2	A3	A4
$B \times L$	841×1189	594×841	420×594	297×420	210×297
a	25				
c	10			5	
e	20		10		

其中，a、c、e 为留边宽度。图纸幅面代号由 "A" 和相应的幅面号组成，即 A0 ~ A4。基本幅面共有五种，其尺寸关系如图 2-8 所示。

幅面代号的几何含义，实际上就是对 0 号幅面的对开次数。如 A1 中的 "1"，表示将全张纸（A0 幅面）长边对折裁切 1 次所得的幅面；A4 中的 "4"，表示将全张纸长边对折裁切 4 次所得的幅面，如图 2-8 所示。

必要时，允许沿基本幅面的短边成整数倍加长幅面，但加长量必须符合国家标准（GB/T 14689—2008）中的规定。

图框线必须用粗实线绘制。图框格式分为留有装订边和不留装订边两种，如图 2-9 和图 2-10 所示。两种格式图框的周边尺寸 a、c、e 见表2-2。但应注意，同一产品的图纸只能采用一种格式。

国家标准规定，工程图纸中的尺寸以毫米为单位时，不需标注单位符号（或名称）。如采用其他单位，则必须注明相应的单位符号。本书的文字叙述和图例中的尺寸单位为毫米，均未标出。

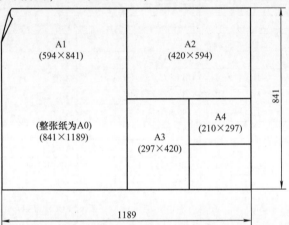

图 2-8　基本幅面的尺寸关系

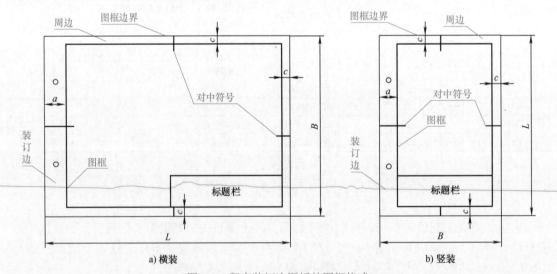

a) 横装　　　　　　　　　　　b) 竖装

图 2-9　留有装订边图纸的图框格式

图幅的分区：为了确定图中内容的位置及其他用途，往往需要将一些幅面较大的内容复杂的电气工程图进行分区，如图 2-11 所示。

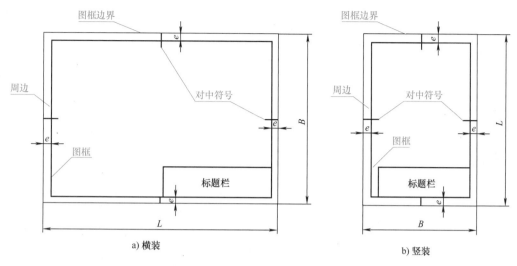

图 2-10 不留装订边图纸的图框格式

图幅的分区方法是：将图纸相互垂直的两边各自加以等分，竖边方向用大写拉丁字母编号，横边方向用阿拉伯数字编号，编号的顺序应从标题栏相对的左上角开始，分区数应为偶数；每一分区的长度一般应不小于25mm，不大于75mm，对分区中符号应以粗实线给出，其线宽不宜小于0.5mm。

图纸分区后，相当于在图纸上建

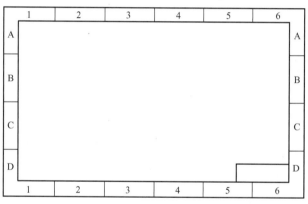

图 2-11 图幅的分区

立了一个坐标。电气工程图上的元器件和连接线的位置可由此"坐标"而唯一地确定下来。

（2）标题栏

标题栏是用来确定图纸的名称、图号、张次、更改和有关人员签署等内容的栏目，位于图纸的下方或右下方。图中的说明、符号均应以标题栏的文字方向为准。

目前我国尚没有统一规定标题栏的格式，各设计部门的标题栏格式不一定相同。通常采用的标题栏格式应有以下内容：设计单位名称、工程名称、项目名称、图名、图别、图号等。

学生在完成作业时，可采用图 2-12 所示的标题栏格式。

××院××系部××班级			比例		材料	
制图	（姓名）	（学号）			质量	
设计			工程图纸名称			
描图					（作业编号）	
审核					共 张 第 张	

图 2-12 作业用标题栏格式

2. 比例

比例是指图中图形与其实物相应要素的线性尺寸之比。

绘制图纸时，应优先选择表2-3中的优先使用比例。必要时也可以从表2-3中允许使用的比例中选取。

表2-3　绘图的比例

种类	比例				
原值比例	1:1				
放大比例	优先使用	5:1　　2:1　　$5 \times 10^n:1$　　$2 \times 10^n:1$　　$1 \times 10^n:1$			
	允许使用	4:1　　2.5:1　　$4 \times 10^n:1$　　$2.5 \times 10^n:1$			
缩小比例	优先使用	1:2　　1:5　　1:10　　$1:2 \times 10^n$　　$1:5 \times 10^n$　　$1:1 \times 10^n$			
	允许使用	1:1.5　　1:2.5　　1:3　　1:4　　1:6 $1:1.5 \times 10^n$　$1:2.5 \times 10^n$　$1:3 \times 10^n$　$1:4 \times 10^n$　$1:6 \times 10^n$			

注：n 为正整数。

3. 字体

在图纸上除了要用图形来表示机件的结构形状外，还必须用数字及文字来说明它的大小和技术要求等其他内容。

（1）基本规定

在图纸和技术文件中书写的汉字、数字和字母，都必须做到：字体工整、笔画清楚、间隔均匀、排列整齐。字体的号数代表字体高度（用 h 表示）。字体高度的公称尺寸系列为1.8mm、2.5mm、3.5mm、5mm、7mm、10mm、14mm、20mm。如需更大的字，其字高应按$\sqrt{2}$的比率递增。汉字应写成长仿宋体字，并应采用国家正式公布的简化字。汉字的高度 h 应不小于3.5mm，其字宽一般为$h/\sqrt{2}$。字母和数字分 A 型和 B 型。A 型字体的笔画宽度$d = h/14$，B 型字体的笔画宽度 $d = h/10$。在同一张图纸上，只允许选用一种形式的字体。字母和数字可写成斜体和直体。斜体字字头向右倾斜，与水平基准线成75°。

（2）字体示例

汉字示例：

横平竖直注意起落结构均匀填满

字母示例：

罗马数字：

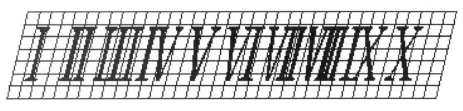

数字示例:

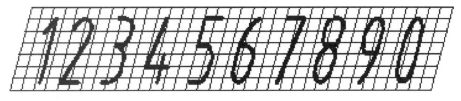

4. 图线及其画法

图线是指起点和终点间以任意方式连接的一种几何图形,它是组成图形的基本要素,形状可以是直线或曲线、连续线或不连续线。国家标准中规定了在工程图纸中使用的六种图线,其名称、型式、宽度以及主要用途见表2-4。

表2-4　常用图线的名称、型式、宽度和主要用途

图线名称	图线型式	图线宽度	主要用途
粗实线	——————————	b	电气线路、一次线路
细实线	——————————	约 $b/3$	二次线路、一般线路
虚线	- - - - - - - - - -	约 $b/3$	屏蔽线、机械连线
细点划线	—·—·—·—·—·—	约 $b/3$	控制线、信号线、围框线
粗点划线	—·—·—·—·—·—	b	有特殊要求线
双点划线	—··—··—··—	约 $b/3$	原轮廓线

图线分为粗、细两种。以粗线宽度作为基础,粗线的宽度 b 应按图的大小和复杂程度,在 0.5~2mm 之间选择,细线的宽度应为粗线宽度的 1/3。图线宽度的推荐系列为:0.18mm、0.25mm、0.35mm、0.5mm、0.7mm、1mm、1.4mm、2mm,若各种图线重合,应按粗实线、点划线、虚线的先后顺序选用线型。

小　结

本项目阐述了电气工程制图的相关基础知识,并参照国家标准 GB/T18135—2008《电气工程 CAD 制图规则》中常用的有关规定,介绍了电气工程制图的一般规则,为后面学习电气工程图绘制奠定了基础。

练习题

1. 电气原理图的含义是什么?
2. 国家标准规定,工程图纸中的尺寸以哪种单位设计时,不需要标注单位符号?

工厂空调控制系统设计软件简介

随着计算机与信息技术的发展，工程师早已不再手绘图纸，而是借助于软件工具，软件工具的优劣直接影响电气项目设计的效率、质量。关于软件工具发展的详细内容，项目二中已有详细的介绍，本项目不再赘述，基于项目二中工具重要性的介绍，经过认真、谨慎的选择，为工厂空调控制系统设计项目选择了 SEE Electrical 软件平台进行项目设计。为了快速熟悉软件平台，项目三将对 SEE Electrical 软件平台做详细介绍。

 学习重点

1) SEE Electrical 发展历史。
2) SEE Electrical 的特点。
3) SEE Electrical 的安装与注册。

任务一 SEE Electrical 的发展历史

SEE Electrical 软件前身名为 CADdy，隶属于丹麦 CADdy Denmark A/S 公司，于 2000 年被 IGE + XAO 集团收购，并更名为 SEE Electrical，保持与 IGE + XAO 集团旗下的产品一致，同为 SEE 系列软件，例如 SEE Building、SEE 3D Panel、SEE Project Manager 等。

IGE + XAO 集团于 1986 年成立，总部位于法国，1997 年 3 月在欧洲交易所上市。30 多年来，IGE + XAO 集团从事一系列 CAD（计算机辅助设计）软件的设计、生产、销售和维护工作。目前 IGE + XAO 已建成了一整套的电气 CAD 软件程序，可应用于所有工业领域，是法国电气 CAD 市场的领头羊，占据了欧洲 70% 以上的市场份额。如图 3-1 所示，IGE + XAO 集团业务横跨 6 大领域（数据和文档管理、系统设计、电气仿真、电气设计、电气制造和集成），涉及 8 大行业（航空航天、汽车、轨道交通、船舶制造、工程机械、工业自动化、电力 & 能源和建筑），拥有 18 款产品。

SEE Electrical 软件作为 IGE + XAO 公司电气设计的主要产品，已有 30 多年的应用历史，在并入

图 3-1 IGE + XAO 集团板块

IGE + XAO 集团后，通过整合更新，软件版本从 V4 开始正式发布，一直更新至现在的 V8 版本。其中，在 V6 版本中将原来的下拉菜单式界面更新采用全新的 Ribbon 技术（与微软办公软件同类型的技术），使得操作界面更清晰、更美观、更便捷；在 V7 版本中优化数据库，使得库的创建维护更快捷；在 V8 版本中集成 SEE 3D Panel 软件，提供全新的机电一体化解决方案。软件的功能基于实际用户的需求，不断升级完善，保持软件的时效性。

任务二　SEE Electrical 的特点

SEE Electrical 软件主要具有以下特点：

1. 简单易学

SEE Electrical 软件操作简单、方便，没有复杂的设置，使初学者能够快速地掌握软件的各项功能，并进行项目的设计。如图 3-2 所示，SEE Electrical 软件采用 Ribbon 界面，提升了用户体验感。

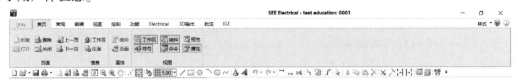

图 3-2　SEE Electrical 软件工具栏界面

2. 缩短原理图设计时间

（1）缩短图纸绘制时间

软件带有快捷的电位线及电线绘制工具，可以快速绘制电位线、三相线、正交线等。符号可以自动连线，电线可以跟随符号延伸或者缩短；符号可以根据电线方向自动旋转；符号还可以被快速复制为多个等。此外，如图 3-3 所示，SEE Electrical 软件可自定义面板和快捷键，这些快捷工具可以缩短图纸的绘制时间。

（2）自动电线编号

SEE Electrical 软件带有电线的自动编号功能，如图 3-4 所示，可以一

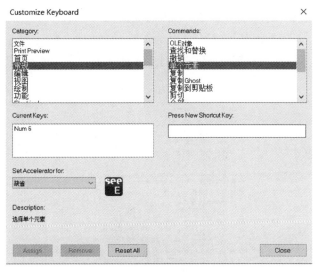

图 3-3　自定义面板

键为所有电线编上号码，也可以把电线分成多种类型，每种类型的电线具有不同的编号方式。

（3）缩短改图时间

图纸修改也是设计人员比较关心的问题，当有多个重复回路块时，参数的修改也非常的繁琐。软件中的符号和电线都是具有电气属性的。当放置重复的回路块时，回路中的参数如符号名称、电缆编号、端子编号、PLC I/O 地址都可以快速设置完成。另外，在"数据库列表"部分，软件提供项目数据的集中批量处理、批量修改功能。可以批量修改设备型号、批量更改图框、批量锁定电线、批量重新编号等，图纸相关联部分也会实时更新。

3. 将报表及接线图的工作量降为 0

SEE Electrical 软件是一款基于数据库的软件。它只需要绘制原理图，软件可以一键式
自动生成所有所需的表单以及各种带图形的列
表，例如产品列表、零件列表、接线信息、电线
电缆信息以及端子连接信息，如图 3-5 所示，
这些列表的信息能准确无误地对原理图进行统
计。把列表表单提供给采购部门，可提高整个
项目的整体进度；把图形化的列表，提供给装
配部门，用图形化信息使得接线更容易理解，
接线更准确。

所生成的各种表单的模板都可以根据用户的
规范习惯等进行定制化的定义，很好地体现用户
的项目设计规范性。

4. 缩短机柜图设计时间

SEE Electrical 软件可以根据原理图半自动生
成机柜图。软件会根据原理图自动生成机柜符号
列表，设备尺寸由设备库自动生成，设计人员只需
将机柜符号放置到合适的位置即可，同时还可以避
免机柜符号重复放置、漏放的现象。

图 3-4   电线编号

5. 缩短图纸检查时间

软件自带图纸检查功能，如图 3-6 所示，包括重名检查、触点溢出检查、PLC 连接检查等。

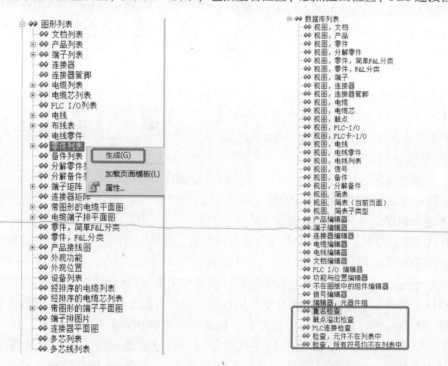

图 3-5   图形列表   图 3-6   图纸检查功能

另外，所有的报表及接线图由软件来自动生成，可以将报表、接线图信息与原理图信息不符的错误全部排除。

任务三　SEE Electrical 的安装与注册

1. 安装说明

安装 SEE Electrical，需要安装光盘或者下载安装文件。

计算机推荐配置：

1）客户端系统：Windows 7 系统、Windows 10 系统。

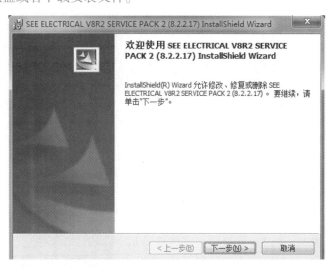

2）内存：RAM 2GB。

3）硬盘：3GB 空闲。

2. 安装过程

1）双击运行 SEE Electrical V8R2 安装程序，如图 3-7 所示弹出"安装向导"窗口。

2）单击"下一步"，仔细阅读用户权限协议，选择"我接受该许可证协议中的条款"选项后，弹出如图 3-8 所示窗口。

图 3-7　安装向导

3）输入用户姓名和单位。

- 选择"使用本机的任何人"选项允许所有用户访问软件。
- 选择"仅限本人"选项只允许当前用户访问软件。

4）单击"下一步"继续，弹出如图 3-9 所示安装类型窗口。

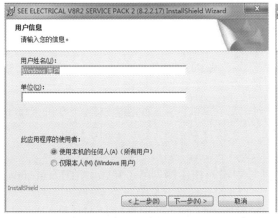

图 3-8　用户信息

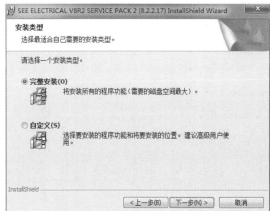

图 3-9　安装类型

5）选择安装类型。

- 如果选择"完整安装"，将默认安装最完整的配置。

● 如果选择"自定义",用户可以自定义配置,并可以更改安装目录。

选择其中一个选项开始安装。安装完成后,桌面上就会出现 SEE Electrical 的快捷方式 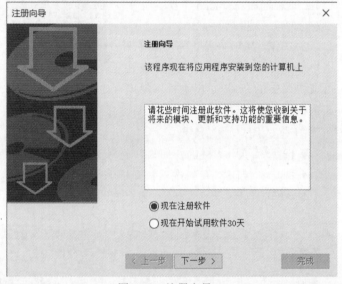。

3. 授权激活与释放

激活 SEE Electrical 软件授权后,该软件才可正常使用。

1)启动 SEE Electrical 软件,如图 3-10 所示,单击工具栏右上角 ⓘ "注册"按钮,进入注册界面,如图 3-11 所示。

图 3-10   单击注册按钮

图 3-11 中有两个选项:

● "现在注册软件":购买官方许可证后,选择此项进行注册。

● "现在开始试用软件 30 天":每台计算机安装完成后可试用 30 天。

● 选择"现在注册软件"。

2)单击"下一步",出现界面如图 3-12 所示,选择"我的软件是使用软件密钥保护的或这是试用版"。

3)单击"下一步",选择"从 Local server 注册"。教育版采用 Local server 软加密授权配置方式,服务器计算机安装 license 管理工具,采用浮点授权方式。客户端计算机可以从服务器借 license 一定天数,到期后自动归还。如果客户端计算机未输入借出天数,关闭软件 license 就自动归还到服务器(模块浮动)。综上,如图 3-13 所示,选择"从 Local server 注册"。

图 3-11   注册向导

4)单击"下一步"如图 3-14 所示,在序列号中输入相应序列号,单击"在 Local server 上注册"。

5)如图 3-15 所示,填入服务器 IP 地址,完成软件注册,软件即可正常使用。如果不使用软件,可单击释放许可证。

注意:卸载软件前,需要先释放授权,因为软件卸载时注册信息被删除,若不释放授权,授权会丢失,导致再次安装软件后,软件无法正常使用。

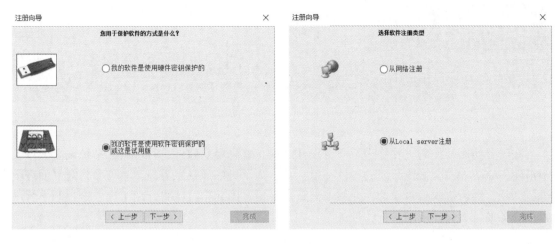

图 3-12 软件密钥方式注册   图 3-13 注册类型选择

图 3-14 在 Local server 上注册   图 3-15 从本地服务器注册

小 结

本项目主要介绍了工厂空调控制系统项目电气设计软件 SEE Electrical 的发展历史、特点、安装及注册方式，了解项目三内容，完成软件安装，为进一步开展电气工程项目设计做好准备工作。

 练习题

1. SEE Electrical 电气设计软件归属哪个公司？
2. SEE Electrical 软件的特点有哪些？

项目四

工厂空调控制系统设计软件系统设置

在学习使用智能电气软件进行项目设计之前，首先要对软件进行基础的系统设置，以便于搭建一个更加符合操作习惯的设计环境，其次为了更好地熟悉界面，本项目将对界面环境进行介绍，最后进入项目设计，介绍如何新建项目。因此项目四将介绍工厂空调控制系统项目设计的准备工作并就此进行实训练习。

 学习重点

1）软件的系统设置。
2）新建项目及项目设置。
3）界面简介及绘图基本设置。

任务一 系统设置

本任务主要介绍 SEE Electrical 软件系统设置中常用到的功能，例如项目备份、更改数据存放路径、设置界面颜色及风格、注册授权等。

1）双击打开 SEE Electrical 软件后，单击左上角"文件"→"系统设置"，如图 4-1 所示。

2）单击"系统设置"后，弹出如图 4-2 所示对话框。

3）在"常规"选项卡里，如图 4-2 所示，可进行如下设置：

①"备份/保存"：建议选择，可在软件使用过程中随时备份，以防数据丢失。

②"文档=可打开的最大文档视图数"：设置最多可打开的文档视图数量。

③"压缩/存档"：若选中，存档时可将不必要的符号等进行压缩，减少项目存储空间。

④"浮动样式菜单"：若选中，在设计窗口可显示浮动样式菜单，方便操作。

⑤"安全模式"：可规定是否检入、释放

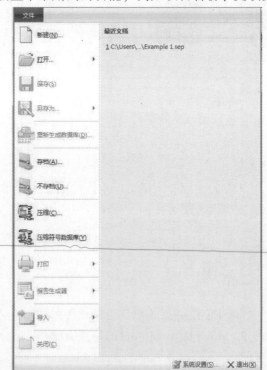

图 4-1 打开系统设置

服务器上的工作区。因此，如果工作区存储在服务器上，此设置可以提高安全性。

如果仅勾选"安全模式"，则在每次关闭工作区时，软件都会弹出如图4-3所示对话框，各按钮含义如下：

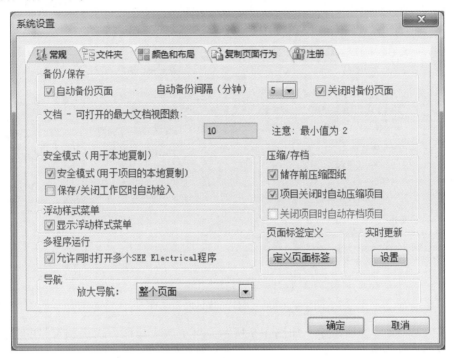

图4-2 "系统设置"对话框

图4-3 安全模式

● "检入保留检出"：把当前的工作区复制到服务器，并保存工作区副本，其他用户无法对其进行操作。

● "检入释放"：把当前的工作区复制到服务器，并删除工作区副本，释放工作区，其他用户可以对此工作区进行再次操作。

● "保存检出"：不会保存到服务器，但主工作区仍然锁定，其他用户无法进行操作。

● "撤销检出"：所做的更改均不保存。

如果"系统设置"中同时勾选了"保存/关闭工作区时自动检入"选项，如图4-4所示，则关闭工作区时，软件不会弹出图4-3所示工作区操作窗口，而是自动检入释放工作区，简化操作。

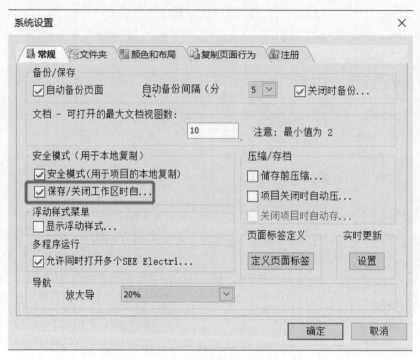

图 4-4　保存/关闭工作区时自动检入

4）在"文件夹"选项卡中，如图 4-5 所示，可更改工作区、模板和符号的存放路径，建议在默认路径下即可。

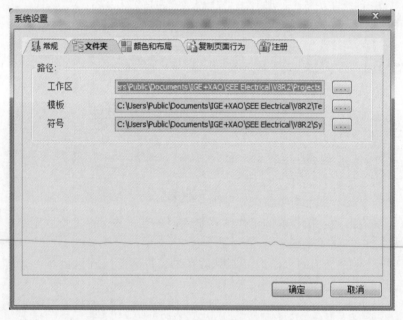

图 4-5　文件夹路径设置

5）在"颜色和布局"选项卡中，如图 4-6 所示，可自行设置显示颜色。需要注意的是，"背景颜色"和"网格颜色"尽量选择反差较大的颜色，以便识别。

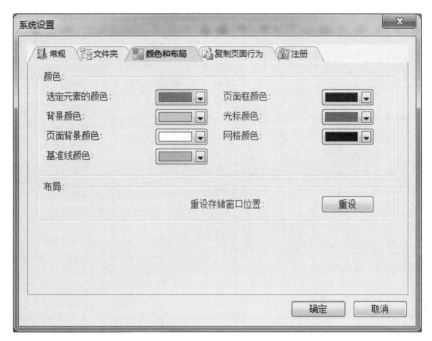

图 4-6　颜色和布局设置

6）在"复制页面行为"选项卡中，如图 4-7 所示，可设置在复制时对组件名称、编号以及电线编号的操作。

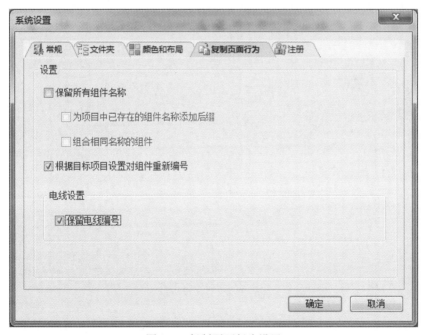

图 4-7　复制页面行为设置

7）"注册"选项卡，如图 4-8 所示，可显示本软件注册信息，以及对本软件进行注册或延长试用操作。

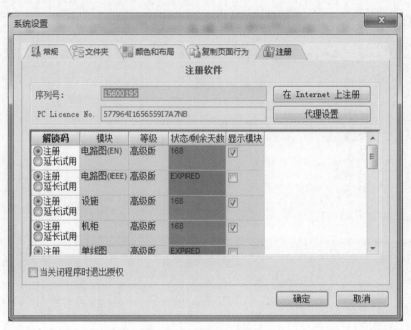

图 4-8   注册授权设置

任 务 二   新 建 项 目

在完成系统设置后，本任务将讲解如何新建"工厂空调控制系统"项目。

1）单击"文件"→"新建"，如图 4-9 所示，或直接使用快捷键〈Ctrl + N〉，便会新建一个工作区。

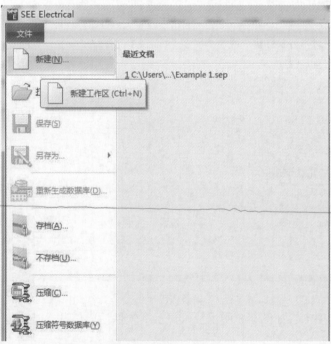

图 4-9   新建工作区

2）单击"新建"后，打开新建工作区对话框，如图4-10所示，在文件名处输入"工厂空调控制系统"项目名称，单击"保存"。

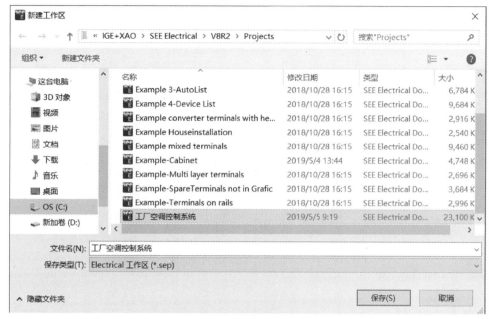

图4-10　保存新建项目

3）单击"保存"后，会弹出"选择工作区模板"对话框，如图4-11所示，项目模板中可定义项目的图框模板、命名方式、编号方式等设计规范。用户可定制符合自身要求的项目模板。首次建立选择"Standard"标准模式，单击"确定"。

图4-11　选择工作区模板

4）完成以上操作后，页面如图 4-12 所示，新项目建成。

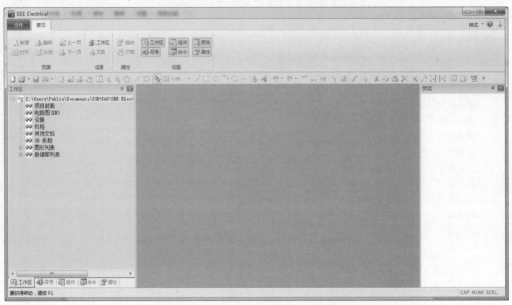

图 4-12　新项目页面

5）单击"首页"→"属性"，或"工作区"→"属性"，打开属性设置对话框，如图 4-13 所示。在属性窗口中可输入客户名称、地址、邮编、电话等项目信息。在"工作区说明行 01"中输入"工厂空调控制系统"，在"工作区说明行 02"中输入"实例项目"拼音的大写首字母"SLXM"。

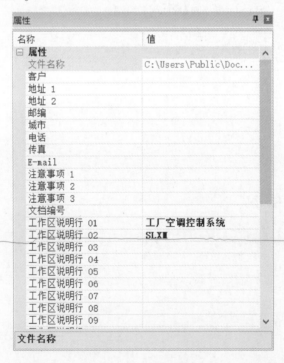

图 4-13　项目属性设置

任务三　项目设置

新建"工厂空调控制系统"项目后，通过"项目属性"对话框进行项目设置，下面进行详细说明。

1）打开项目属性。在左侧工作区单击文件名称，而后单击鼠标右键，如图 4-14 所示。在弹出的对话框中单击最后一项"属性"。如图 4-15 所示，打开属性对话框。

图 4-14　打开项目属性

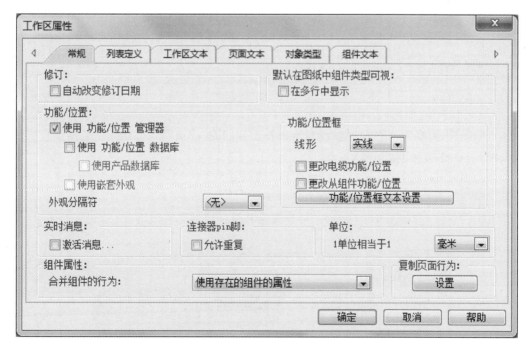

图 4-15　常规选项卡

2）"常规" 选项卡。

① "修订"：若选择，则当项目中有改变时，系统会自动更新对应的修订日期。

② "默认在图纸中组件类型可视"：若选择，则组件类型多行显示，否则单行显示。

③ "功能/位置"：若选择，则允许定义和管理当前工作区功能、位置，并可使用产品管理器，如图 4-16 所示。

图 4-16　产品管理器窗口

④ "功能/位置框"：设置功能/位置框属性，如功能/位置框线形选择及文本设置、是否更改线缆及从组件的功能/位置。

⑤ "连接器 pin 脚"：若选择，则允许 pin 脚重复。

⑥ "单位"：设置图纸的单位是毫米还是英寸。

⑦ "组件属性"：如图 4-17 所示，可设置合并组件使用哪种属性。

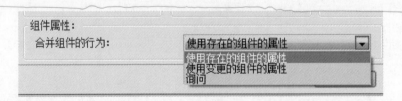

图 4-17　组件属性

⑧ "复制页面行为"：单击设置，弹出如图 4-18 所示对话框，可根据需要设置复制页面

时的组件/电线名称和编号。

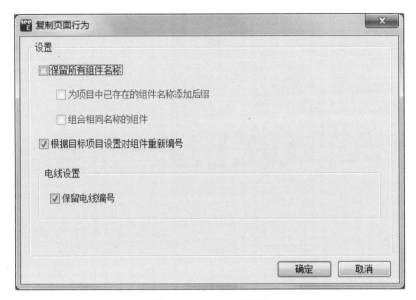

图 4-18　复制页面行为

3）"列表定义"选项卡。如图 4-19 所示，可选择对应列表显示与否，还可自定义列表序号来配置项目树的放置顺序。ListOrder 值越小排列越靠前。

图 4-19　列表定义

4）"工作区文本""页面文本""组件文本"的功能与"列表定义"选项卡类似，不再赘述。

5）"对象类型"选项卡。如图 4-20 所示，可以查看对象的类型。

图 4-20　对象类型

任务四　界面简介

软件界面主要分为四个区域，即菜单区、绘图区、左侧面板、右侧面板，如图 4-21 所示。

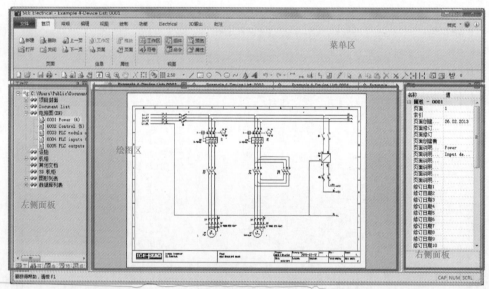

图 4-21　界面区域

1）菜单区：包含用于项目设计的所有功能指令，为方便用户操作，软件采用流动性菜单栏，打开不同类型的图纸，会显示不同的菜单。

2）绘图区：绘图区显示项目中图纸的图形信息，绘图区可以打开多页图纸。

3）左、右侧面板：如图 4-22 所示，包含 6 个选项卡（工作区、组件、命令、属性、符号、预览），可在"首页"→"视图"中切换各个选项卡的显示与隐藏。可通过拖放将各个选项卡窗口放置到需要的位置，在新的位置使用方向箭头来放置选项卡。

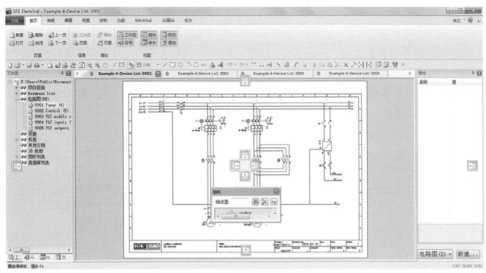

图 4-22 左、右侧面板放置

任务五 图纸的操作

1）新建"工厂空调控制系统"电路图。项目建立完成后，在项目中建立电路图，以绘制图纸。如图 4-23 所示，在左侧面板"工作区"中选择"电路图"，而后单击右键，弹出"新建"。单击"新建"，弹出"页面信息"对话框，如图 4-24 所示。

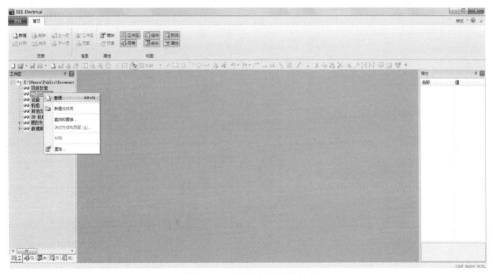

图 4-23 新建电路图图纸

在"页面信息"对话框中可输入功能、位置、页面、页面创建日期、页面创建者等信息，针对"工厂空调控制系统"项目，在"页面说明行 01"中输入"进线回路"，单击"确定"完成图纸新建，如图 4-25 所示。

2）"页面信息"属性框中的信息，会实时显示在图纸图框中。如图 4-26 所示，新建的图纸已显示项目名称"工厂空调控制系统"、电路图页面名称"进线回路"等。

图 4-24　页面信息

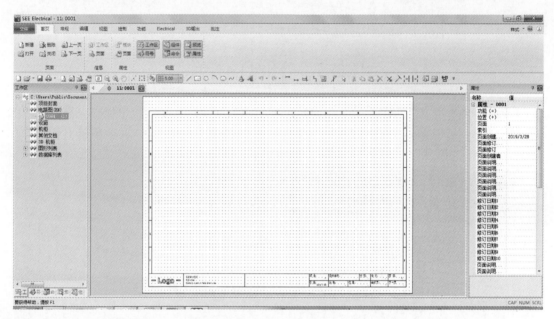

图 4-25　新建后图纸

IGE+XAO	工厂空调控制系统	进线回路	项目：工厂空调控制系统0.3	图纸编号：	初稿：	修订：	页码：7
GROUP	SLXM		日期：2019/11/12	功能：	位置：	全部页： 7	下一页： 8

图 4-26　页面信息图框中的显示信息

3）网格设置：图纸中网格尺寸决定了绘图精确度。可通过单击工具栏中 █5.00 ▾ 图标选择网格大小。单击下三角图标，弹出可用网格尺寸列表，如图 4-27 所示，默认为 5.00。

4）页面属性设置：如图 4-28 所示，在图纸中单击鼠标右键，选择"页面属性"，右侧面板会显示页面属性对话框，如图 4-29 所示。

①"页面的 X-扩展"：指图纸横向尺寸。

②"页面的 Y-扩展"：指图纸纵向尺寸。修改这两个参数可调整图纸的大小。

③ "X 向网格尺寸""Y 向网格尺寸"：可修改网格尺寸大小。

5) 图纸缩放：页面缩放有多种方式，下面分别介绍。

① 按住键盘〈Ctrl〉键，同时滑动鼠标滚轮，可自由缩放图纸。

② 如图 4-28 所示，在图纸上单击鼠标右键，在弹出菜单中选择缩放。

③ 按下〈F4〉键，鼠标指针变成十字，按住鼠标左键，选择图纸中需要放大的区域，就可进行放大处理。

④ 按下〈F3〉键，图纸缩放至原始大小。

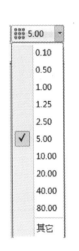

图 4-27 网格尺寸列表   图 4-28 选择页面属性   图 4-29 页面属性对话框

小　　结

本项目主要介绍了工厂空调控制系统项目设计软件的一些基础知识，主要包括软件系统设置、新建项目、项目设置、界面操作及图纸的操作等。通过项目四的学习，读者可以掌握 SEE Electrical 软件的结构和基础操作，为进一步学习提供帮助。

实训　新建工厂空调控制系统项目及电路图图纸

1. 实训内容

通过本次实训，完成工厂空调控制系统项目创建及电路图图纸创建。

2. 实训目的

1) SEE Electrical 软件新建项目。

2) 设置工厂空调控制系统项目属性。

3) 新建电路图图纸。

3. 实训步骤

1）新建项目：打开软件，新建一个工作区。

2）输入项目名称：打开新建工作区对话框，在文件名处输入"工厂空调控制系统"项目名称。

3）输入项目属性：如图 4-30 所示，打开页面属性设置对话框，在"工作区说明行 01"中输入"工厂空调控制系统"，在"工作区说明行 02"中输入"实例项目"拼音的大写首字母"SLXM"。

4）新建电路图：打开"页面信息"对话框，针对"工厂空调控制系统"项目，在"页面说明行 01"中输入"进线回路"，单击"确定"完成图纸新建，如图 4-31所示。

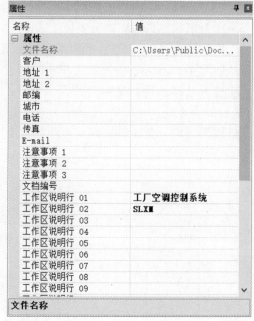

图 4-30　页面属性设置

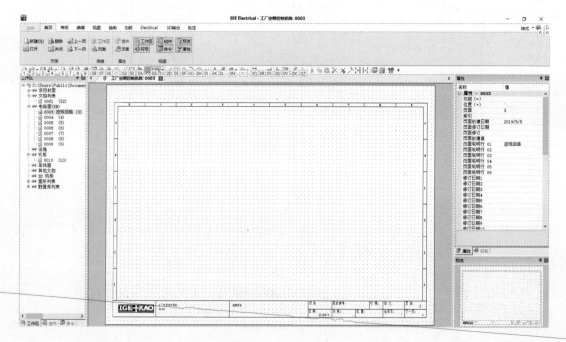

图 4-31　新建电路图

项目五

工厂空调控制系统符号库的创建与管理

符号是电气图纸中最基础的组成元素，掌握符号的绘制以及符号库的创建和管理是设计电气原理图的基本能力。

本项目将详细讲解有关符号和符号库的相关知识，带领大家一步步创建新的符号，修改符号，并把符号保存到符号库中。最后教授大家如何管理和使用符号库，能够对符号库进行熟练操作，会大大提高绘图的效率。

 学习重点

1）符号的创建。

2）符号的修改。

3）符号库的基本操作与管理。

任务一 认识符号和符号库

电气原理图主要由电气符号和电气导线两大部分组成，有时原理图中还会包括一些辅助部分，如标注文字、图示等。电气原理图中的电气符号（以下简称符号）代表实际的元器件，电气导线代表实际的物理导线。

电气符号被存放在符号库中。SEE Electrical 自带了丰富的符号库，其中包括了大部分的知名厂商的元器件。符号库具有符号的图形预览功能，符号按照功能进行分类，在符号库中输入符号的名称可以查找符号。

1）SEE Electrical 提供的符号库中收录了电气设计中常用元器件的符号，但是在特殊的项目中，还需要创建和修改符号。主要原因有以下几点：

① 符号库中找不到所需要的元器件电气符号。

② 符号库中的符号与实际的元器件引脚编号不一致。

③ 需要给符号库中的符号添加或修改模型。

④ 符号库中的元器件电气符号大小不符合电气原理图美观性要求，需要对电气符号的大小进行调整。

2）电气原理图符号由两大部分组成：用以标志元器件功能的标志图和元器件引脚。

① 标志图。标志图仅仅起着提示元器件功能的作用，方便人们识别元器件。实际上，没有标志图或者随便绘制标志图都不会影响原理图的正确性。但是，标志图对于原理图的可读性具有重要作用，直接影响到原理图的维护，关系到整个工作的质量。因此，应尽量绘制出能直观表达元器件的标志图。

② 引脚。引脚与外界的连接方式有两种，一种是连接点，一种是触点。连接点仅仅表

示物理连接，而触点表示电气连接。因此符号绘制过程中，引脚的绘制和设定都要与实际的元器件引脚相对应。连接点或触点分别有独立的序号用以区分。

任务二　设置网格和线宽

在创建符号前，先对项目进行设置，以方便绘制图形。打开或新建一个电路图页，在电路图纸中创建符号。

1）绘制电路原理图前，建议设置 5mm 的网格。在绘制新的符号时，可使用 5mm、2.5mm 或更小的网格。为了确保所创建的符号适合于 5mm 的网格，即连接必须在适当的网格点结束。在最顶端的工具栏中选择"绘制"菜单栏，其中可以设置网格大小，如图 5-1 所示。

2）控制线宽。用于绘制连接的线宽必须与用于绘制电线的线宽相同。大多数符号使用 0.25mm 的线宽绘制。线宽也可以在"绘制"菜单栏中进行选择，如图 5-1 所示。

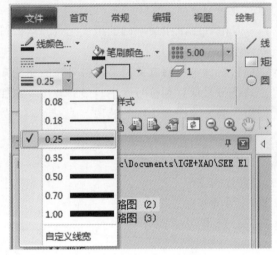

图 5-1　设置网格和线宽

任务三　绘制线圈图形

用户可使用常用绘图功能绘制图形，如绘制线、绘制矩形、绘制圆等，如图 5-2 所示，可在"绘制"菜单中的"元素"面板进行选择。

绘制如图 5-3 所示的符号，具体步骤如下：

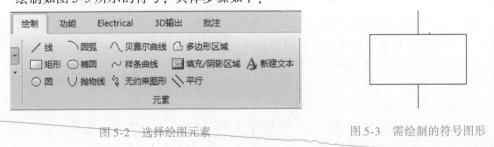

图 5-2　选择绘图元素　　　　　　　　　　　　　　图 5-3　需绘制的符号图形

1）打开"绘制"菜单，选择"矩形"，绘制宽 15mm、高 5mm 的矩形。绘制矩形时，该矩形的宽和高显示在绘图区域的下方。

2）选取矩形的左上角点，单击左键，开始绘制矩形。

3）修改网格大小，将 5mm 修改成 2.5mm。

4）打开"绘制"菜单，选择"线"，在矩形的上方和下方绘制两条连接线。线长为 2.5mm。绘制时，线条的长度显示在绘图区域下方。

5）选取线的起点，单击左键，开始绘制线，单击右键结束绘制。

6）以同样的方法绘制另外一条线。

7）至此，线圈图形的绘制就完成了。

任务四　定义符号

图形绘制完成后，还需将图形定义为符号。

1）按住左键，将所有图形选中。

2）单击右键，在出现的菜单中选择"块"，如图5-4所示。

3）弹出"块/组件定义"对话框，如图5-5所示。为符号选择所需的属性：线圈，单击"确定"。所选"块/组件定义"将决定符号所列属的数据库列表或图形列表的种类。若选择"组件"，则符号没有触点。

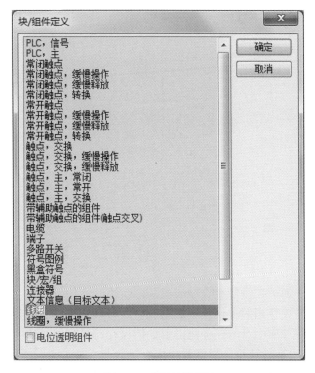

图5-4　定义符号菜单　　　　　　　　　　　图5-5　选择符号属性

4）在弹出的"定义组件名称前缀"对话框内输入组件名称，如A1，如图5-6所示，单击"确定"。

5）现在，已完成具有名称、说明、类型和连接等文本信息的图形，如图5-7所示。图形和文本已组合为线圈符号。线圈字母代码A为创建的名称。

图 5-6　定义组件名称

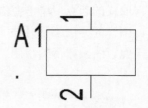

图 5-7　完整的符号

备注：图示中数字 1 和 2 表示连接点，线圈的连接点可以与其他符号相关联。"组件"的连接点不能与其他符号关联，若想要跟其他符号关联，则组成块的时候选主符号类型："线圈" 或 "带辅助触点的组件"。

关于自动定位连接的提示：连接点自动定位于所有水平或垂直附着于符号外侧的线的末端（被一个虚构的矩形包围）。如图 5-8 所示，连接点的标号顺序对应于创建线的先后顺序。

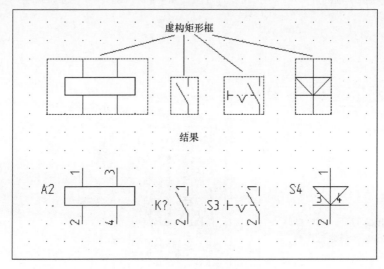

图 5-8　自动定位连接图示

任务五　保存符号到库

为了在设计过程中多次调用新建的元器件符号，则必须将其保存到符号库中。如果新的符号仅在当前工作区中使用或需要将其从当前页面复制到另一位置时，则该符号可以不保存到符号库中。本任务将讲解如何保存符号到符号库中。

1）激活符号浏览器。依次选取 "首页" → "视图" → "符号"。

2）选择 "我的符号" 符号库。

3）单击右键，如图 5-9 所示，在打开的菜单中单击 "新建文件夹"。

4）在弹出的 "符号文件夹属性" 对话框中输入新的符号文件夹名称，单击 "确定"。如图 5-10 所示，在 "我的符号" 下面新建了一个 "线圈" 文件夹。

5）选中新建的线圈符号，按住左键将符号拖动到 "我的符号" 数据库中创建的 "线圈" 文件夹中。

图 5-9 在符号库中新建文件夹

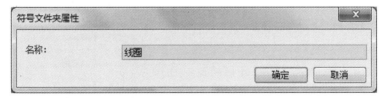

图 5-10 创建符号文件夹名称

6）线圈符号拖到文件夹中后，弹出"组件属性"对话框，如图 5-11 所示，在对话框中输入组件的名称和描述，单击"确定"。

7）此时，新建的线圈符号就保存到数据库中了，如图 5-12 所示。

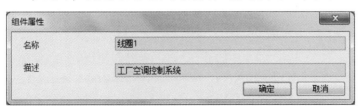

图 5-11 定义组件属性

图 5-12 新建的线圈符号
保存到数据库中

任务六 更改符号

用户有时需要对已有符号或新建符号进行修改。本项目将介绍更改符号常用的操作。

1. 删除元素

以二极管为例，删除二极管中多余的连接点。如图 5-13 所示，新建一个二极管符号后，会自动生成 4 个连接点。其中连接点 3 和 4 是无作用的，本任务将讲解如何删除连接点 3 和 4。

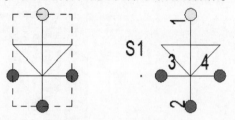

图 5-13   二极管连接点图示

1）选中该符号，单击右键，在出现的菜单中选择"拆解"，如图 5-14 所示。

2）拆解后就可操作单个组件零件，分别选中连接点 3 和 4，将连接点 3 和 4 删除。删除后，就如图 5-15 中所展现的一样。

3）再次将修改后的符号选中，组合成组件，命名后保存到符号库中。具体操作过程参考任务四和任务五。

2. 添加元素

如图 5-16 所示，添加一条线和一个连接点到组件中。

1）选中符号，单击鼠标右键，在出现的菜单中选择"拆解"。

2）以已知方式在符号的右侧绘制一条直线，如图 5-17 所示。注意：新绘制的直线不能自动添加连接点。

3）复制一个可用连接点（同时会自动复制连接点的序号）并将其插入绘制线的末尾，如图 5-18 所示。此时该连接点的序号与复制的连接点序号相同。下面需要修改此连接点序号。

4）选中此连接点，单击鼠标左键，连接点和序号 4 变成红色。打开"编辑"选项卡，如图 5-19 所示，选择"编辑文本"。

✂	剪切(T)	Ctrl+X
	复制(Y)	Ctrl+C
	粘贴(P)	Ctrl+V
	块...	Ctrl+G
	拆解	Alt+G
	添加到块	Shift+G
✥	移动(M)	
	复制	
	带基点复制	
	复制Ghost(G)	Ctrl+M
	旋转(R)	
	缩放(S)	
	镜像(O)	
✗	删除(D)	Delete
	OLE对象	▶
	对齐	▶
	超链接	▶
	跳至	▶
	属性...	

图 5-14   选择拆解命令

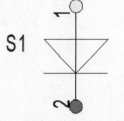

图 5-15   删除连接点后的二极管

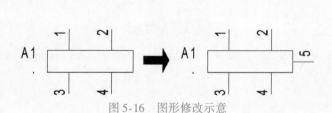

图 5-16   图形修改示意

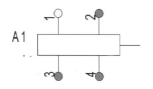

图 5-17 绘制新的直线

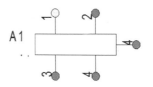

图 5-18 添加新的连接点

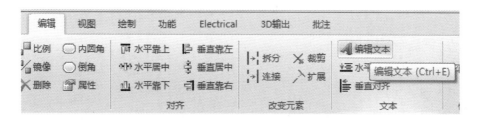

图 5-19 打开编辑文本

5）单击"编辑文本"后，打开"文本"对话框，如图 5-20 所示。可对文本进行重新编辑，将"4"修改成"5"。其他参数也可根据需要修改，修改完成后关闭此对话框。

6）再次将修改后的符号选中，组合成组件，命名后保存到符号库中。具体操作过程在任务四和任务五有讲解，不再赘述。

3．添加文本

有时需要对组件添加更多文本说明，自动插入的文本通常是不够的。本小节将讲解如何将文本添加到首次创建的组件中。

1）选中符号，单击鼠标右键，在出现的菜单中选择"拆解"。

2）打开"绘制"选项卡，如图 5-21 所示，选择"新建文本"。

3）在弹出的文本对话框里，可以修改属性，如图 5-22 所示。

在"属性"列表中，可找到如下属性：工作区、页面、功能和位置、组

图 5-20 修改文本

件、连接以及其他。打开列表中的"组件"节点，在"组件"下，双击"说明 01"属性。

4）在文本框内输入"12V"，如图 5-23 所示。

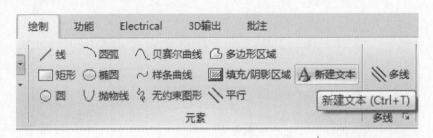

图 5-21　新建文本

5）此时鼠标指针会变成十字，并且出现"12V"文本。移动鼠标指针，将文本插入到图形中所需位置上。单击鼠标右键后，固定文本位置，同时对话框关闭。

6）再次将符号分组选择为组件。

7）双击该文本，便可在"组件属性"对话框中更改"说明 01"。

4. 移动文本

移动符号中的文本有两种方式。方法一：首先对符号进行拆解，这种情况下，使用拖放操作即可容易地移动所有包括连接文本的文本。但是如果某符号已在连接中使用，则当要移动组件名称时，建议不要采用拆解符号的方式。方法二：不使用拆解功能取消连接符号和连接文本间连接的组合，这样操作的连接文本和相应的符号始终组成一个整体。下面对方法二进行详细讲解。

图 5-22　编辑文本属性

1）打开"常规"选项卡，如图 5-24 所示，选择"单个元素"。

2）单击要移动的文本，如图 5-25 所示的"1A2"，文本颜色由黑色变成红色。

3）单击鼠标右键，如图 5-26 所示，在弹出的菜单栏里选择"移动"。

4）此时鼠标指针变成十字，如图 5-27 所示，便可拖动文本到需要的位置。

5）最后单击鼠标左键释放。文本移动完成，如图 5-28 所示，符号显示恢复正常。

图 5-23　输入文本

图 5-24　选择"单个元素"

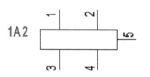

图 5-25　单击需移动的文本

图 5-26　选择菜单中的"移动"

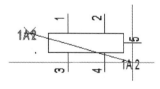

图 5-27　拖动文本

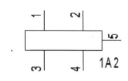

图 5-28　移动文本完成

注意：

选择"单个元素"的方法，不需要对符号进行拆解，用此种方法也可以删除或编辑文本。

选择完"单个元素"后，按住〈Ctrl〉键，可以同时选择多个文本。

此方法不仅限于操作文本，也可操作符号中的任意元素，如线条等。

任务七　符号数据库的管理

1. 操作符号数据库

（1）显示或隐藏符号栏

打开"首页"选项卡，单击"符号"图标，如图5-29所示，可以在页面中显示或隐藏符号栏。

图 5-29　显示或隐藏符号栏

（2）查找符号

在符号数据库顶端的"筛选器"对话框中，输入所需的符号名称，便可以在数据库中进行查找，如图5-30所示。例如，在对话框中输入"保险丝"，所有与"保险丝"有关的元器件都会出现在列表中，方便用户进行选择。

（3）符号的基本操作

1）拖放符号。如果需要将符号放置到图纸中，可进行如下操作。

① 在符号数据库列表中单击需要的符号，如图5-31所示，此时鼠标指针会变成十字，符号出现在十字鼠标指针中心。

② 随意拖动符号，单击鼠标左键，便可将符号放置到合适的位置。

③ 单击鼠标右键，结束符号放置。

2）复制符号。可以将一个文件夹下的符号复制到另一个列表中去。

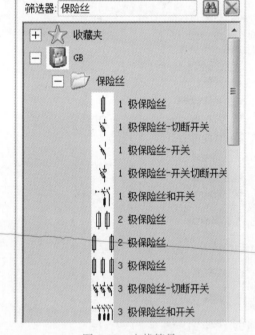

图 5-30　查找符号

① 选中符号，单击鼠标右键，如图5-32所示，在弹出的列表中选择"复制符号"

功能。

②选择目标文件夹，单击鼠标右键，在弹出的菜单中，单击"粘贴符号"，如图 5-33 所示，符号就会粘贴到当前文件夹中。

3）删除符号。

①选中符号，单击右键，如图 5-34 所示，在弹出列表中选择"删除符号"功能。

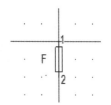

图 5-31　鼠标指针变成十字

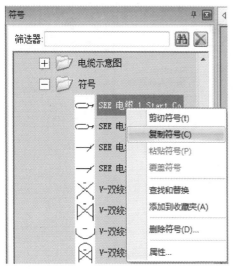

图 5-32　复制符号

图 5-33　粘贴符号

②在弹出的警告对话框中，单击"确定"，如图 5-35 所示，该符号就会被彻底删除，无法恢复，因此应该慎用该功能。符号数据库的物理地址在默认路径为 C：\Users\Public\Documents\IGE + XAO\SEEElectrical\V8R2\Symbols。如果误删除符号，可从其他计算机中复制完整的符号数据库，覆盖路径内的符号数据库。

图 5-34　删除符号

图 5-35　删除符号提示

4）收藏夹的使用。收藏夹符号数据库物理上是不存在的。按默认方式放置的符号只会生成一个到库的连接。对原始条目的更改会自动影响收藏夹文件夹中的符号。

首先选中符号，然后单击右键，在弹出的菜单中选择"添加到收藏夹"，如图 5-36 所示，可以将符号放置在收藏夹文件夹中。

在收藏夹文件夹中选择一个符号，单击右键并执行"属性"，如图 5-37 所示，在弹出的"组件属性"对话框中，会显示符号数据库和收藏夹。

在收藏夹文件夹中选择一个符号，单击右键会弹出菜单，选择"复制符号"或"删除符号"命令来复制或删除收藏夹中的符号。

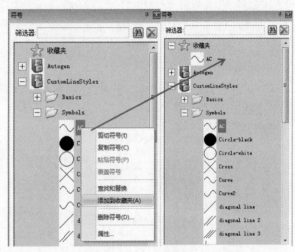

图 5-36　将符号添加到收藏夹

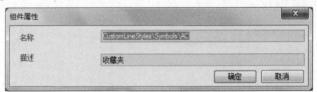

图 5-37　符号属性框

注意：删除收藏夹中的符号只是将符号从收藏夹里删除，不会从原始符号数据库中删除。

2. 新建符号数据库

1）在符号数据库空白处，单击鼠标右键，在菜单中选择"新建符号数据库"，如图 5-38 所示。

2）在弹出的"符号数据库属性"对话框中，输入符号数据库名称，单击"确定"，如图 5-39 所示，新的符号数据库就建成完成。

图 5-38　新建符号数据库

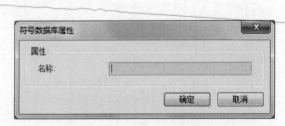

图 5-39　定义符号数据库名称

小 结

本项目详细讲解了符号的修改和创建，以及符号数据库的操作和管理。这是绘制电气工程图的基本技能，因此，要认真练习本项目，熟练掌握相关命令和操作，能够准确快速地查找符号数据库中的元器件并对符号数据库进行各种管理。同时，可根据不同的情况，按照要求绘制出新的符号并保存到符号数据库中。

实训 创建工厂空调控制系统中的组件符号

1. 实训内容

创建工厂空调控制系统中用到的一个组件符号，并保存到符号数据库中。

2. 实训目的

1）学会创建一个新的符号。

2）能够将创建的符号保存到符号数据库中。

3）能够熟练操作符号数据库。

3. 实训步骤

1）新建符号：打开或新建一个电路图图纸。

2）按照图 5-40 所示，绘制符号图形，符号尺寸见图中标注，图中共有 6 个连接点。

3）将图形保存成"带辅助触点的组件"。定义组件的名称前缀为"K"，如图 5-41 所示。

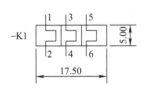

图 5-40 组件示意图　　　　　　　　　　图 5-41 定义组件名称前缀

4）如图 5-42 所示，在符号库中新建一个"自定义组件"的文件夹，并把刚才新建的组件符号保存到该文件夹中。

5）将新建的组件符号添加到收藏夹，如图 5-43 所示。

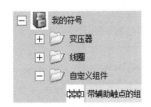

图 5-42 保存组件符号到符号库　　　　　图 5-43 将组件符号添加到收藏夹中

项目六

工厂空调控制系统电气原理图绘制

电气原理图绘制是电气工程设计的基础知识，在智能电气设计软件中，完成原理图绘制后，项目中的报表、接线图等可自动生成，其中的数据及逻辑关系皆来自原理图，所以对于工厂空调控制系统项目来说，原理图绘制既是基础知识，同时也是本电气系统设计中最核心的内容，直接影响后续相关数据的准确性。

本项目主要介绍工厂空调控制系统电气原理图绘制的一般流程：创建原理图、绘制电位线、绘制电线、插入符号、交叉索引、插入端子、插入电缆、分配类型、电线编号等。这些都是原理图绘制的基础知识和基本步骤，必须熟练掌握。

 学习重点

1）原理图的创建方法。
2）电线的绘制方法。
3）符号的放置及设备型号的选择。
4）电缆、端子的绘制方法。
5）电线编号的方法。

任务一　创建原理图

原理图的创建有以下两种方式：

方式一：单击项目树中的"电路图"节点，运行"首页"→"页面"→"新建"命令。弹出"页面信息"窗口，可输入页面信息，单击"确定"按钮，即可弹出新原理图页面。

方式二：在项目树的"电路图"节点上，单击右键，在弹出的快捷菜单中选择"新建"命令。同样弹出"页面信息"窗口，可输入页面信息，单击"确定"按钮，即可弹出新原理图页面。

任务二　绘制电位线

如图 6-1 所示，"Electrical"菜单下"电位"面板中的命令用于绘制电位线。

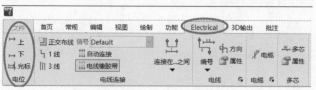

图 6-1　电位面板

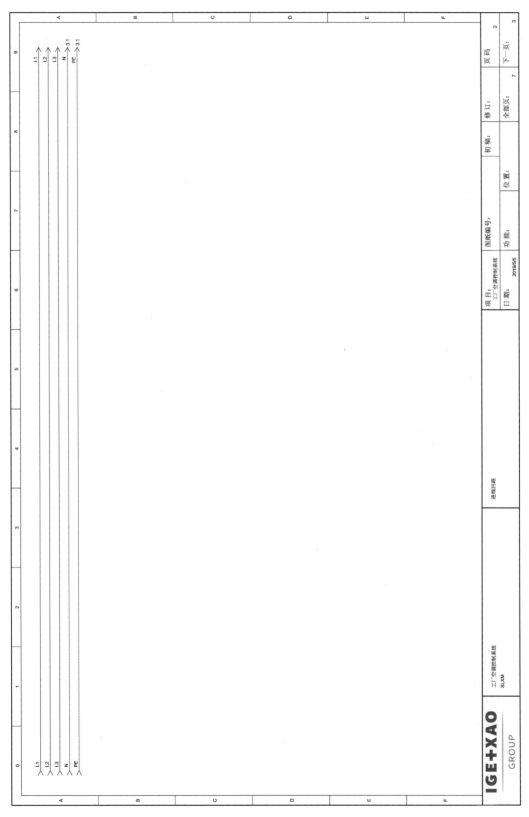

图6-2 绘制自由电位

1）上电位线：单击 ⤒上 图标，可在原理图上自动创建上电位线，在弹出窗口中输入电位线名称。电位线的位置，可在页面属性中定义。

2）下电位线：单击 ⤓下 图标，可在原理图上自动创建下电位线，在弹出窗口中输入电位线名称。电位线的位置，可在页面属性中定义。

3）自由电位线：单击 ⤳光标 图标，可在原理图上手动创建电位线，用鼠标左键在图纸定义电位线的起始点，在终点处先单击鼠标左键，再单击鼠标右键结束绘制，弹出属性窗口，在窗口中输入电位线的名称。

打开"工厂空调控制系统"项目，打开电路图进线回路图纸，如图6-2所示，绘制上电位线，分别为L1、L2、L3、N、PE。

任务三　绘制电线

如图6-3所示，"Electrical"菜单下"电线连接"面板中的命令用于在原理图中绘制电线连接。

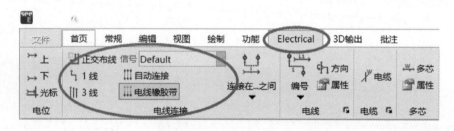

图6-3　电线连接面板

1）单线：单击 ↰1线 图标，单击起点和终点，可绘制单线。

2）多线：多线分为两种：3线和正交布线。

①"3线"：单击 ⦀3线 图标，单击起点和终点，可一次绘制三相线。在"工厂空调控制系统"项目进线回路图纸中，使用鼠标左键在需要处绘制3根电线，右击完成绘制，如图6-4所示。

②"正交布线"：如图6-5所示，正交布线是比较常用的绘制多线的方法，可识别电线数，还可快速完成多线折弯绘制。

3）"自动连接"：激活 ⦀自动连接 按钮，可以在插入符号时，自动绘制电线，如图6-6所示。

4）"电线橡胶带"：激活 ⦀电线橡胶带 按钮，如图6-7所示，用户在移动符号时，电线可自动延长或缩短。

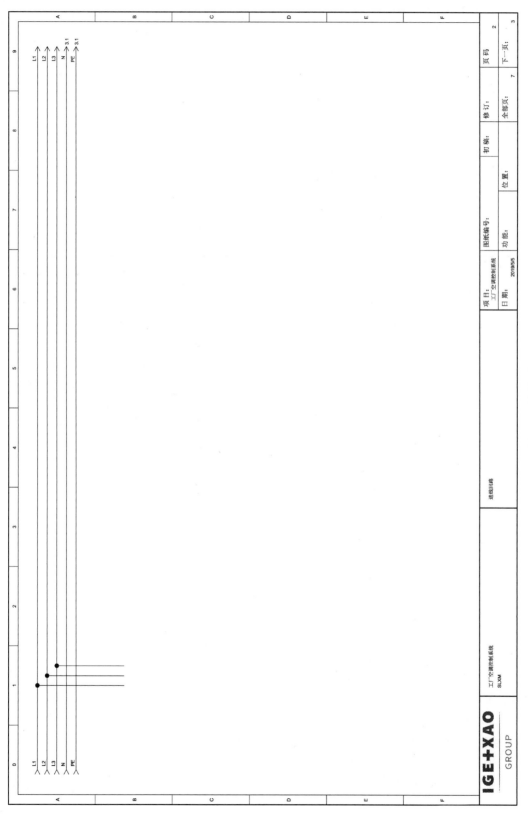

图 6-4　绘制3线

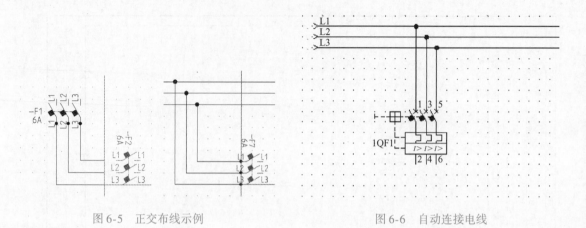

图 6-5　正交布线示例　　　　　　　　　　　　图 6-6　自动连接电线

图 6-7　保持电线连接

任务四　插入符号

1）选择符号。符号从符号树载入，单击"符号"选项卡，就出现符号浏览器，如图 6-8 所示。

符号库包含不同的文件夹，例如"避雷器""断路器"等，方便用户查找。在文件夹上单击右键，如图 6-9 所示，可预览符号图形。

2）插入符号。在"工厂空调控制系统"项目符号树中，选择"电气"→"QF - 多级断路器"，单击"VCB2-1"符号，移动光标至"进线回路"原理图中，符号随鼠标指针移动，放置于图 6-10 所示电线上。单击右键，结束断路器符号插入命令。

注意：放置符号前可将符号进行旋转。方法：当符号附加到鼠标指针时，按数字键盘上的〈＋〉或〈－〉键（也可使用〈X〉键或〈Z〉键），可顺时针或逆时针旋转符号。

3）符号数据库。如图 6-11 所示，在符号浏览器空白部分单击鼠标右键，将弹出快捷菜单。

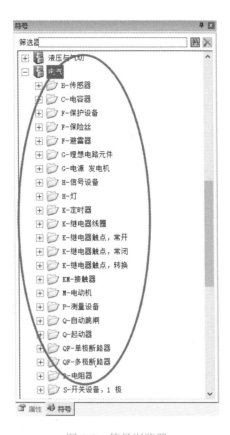

图 6-8　符号浏览器

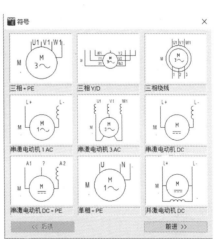

图 6-9　图形预览

① "新建符号数据库"：用于创建新的符号数据库。

② "图标大小 16×16/28×28/32×32"：可在符号窗格中更改图标尺寸以便于查找。

③ "显示符号名"：在窗格内显示符号名称。

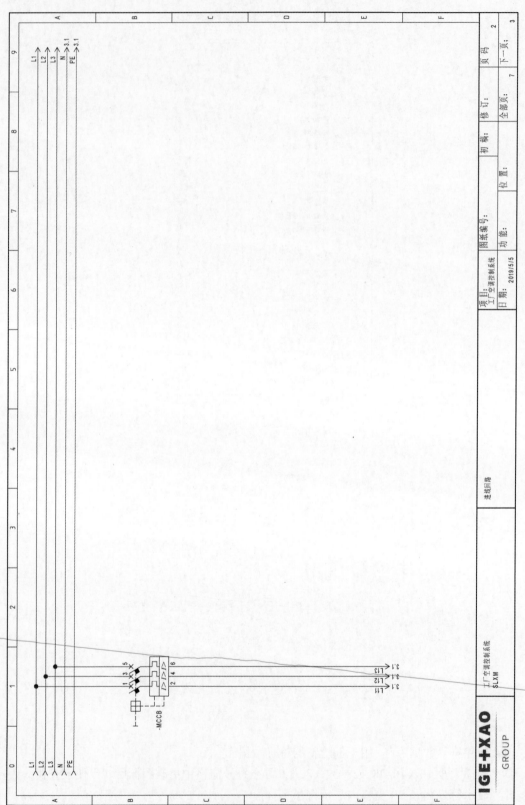

图6-10 插入断路器符号

④"显示描述"：在窗格内显示符号描述。

⑤"显示符号名、描述"：在窗格内先显示符号名称，而后显示符号描述。

⑥"显示描述、符号名"：在窗格内先显示符号描述，而后显示符号名称。

⑦"属性"：打开"符号数据库属性"窗口，可在该窗口中修改所需设置。

图 6-11　在符号浏览器中
右击弹出快捷菜单

任务五　交叉索引

1. 交叉索引种类

SEE Electrical 中交叉索引的建立有四种情况：

1）电位线间的交叉索引。如图 6-12 所示，相同名称电位线间自动生成交叉索引。

2）符号间的交叉索引。当从符号名称和主符号名称相同时，软件会自动建立主从符号间的交叉索引，如图 6-13 所示。

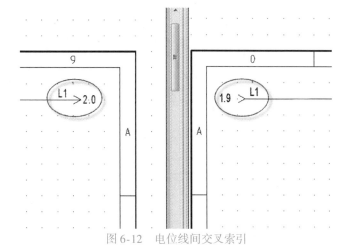

图 6-12　电位线间交叉索引

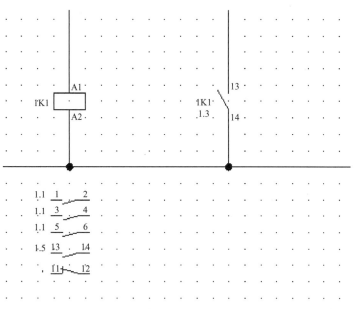

图 6-13　主从符号间的交叉索引

3）用户自行建立交叉索引。如图6-14所示，页面1中1K1的常开触点需要与页面2中的指示灯2H1建立索引，在绘制与1K1、2H1相连的电线终点时双击鼠标，软件将自动创建交叉索引符号，如图6-15所示，将两处交叉索引符号输入相同的名称，则索引建立成功。

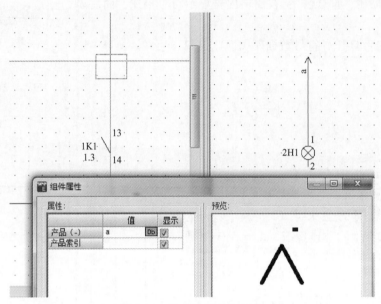

图6-14　触点与灯建立索引

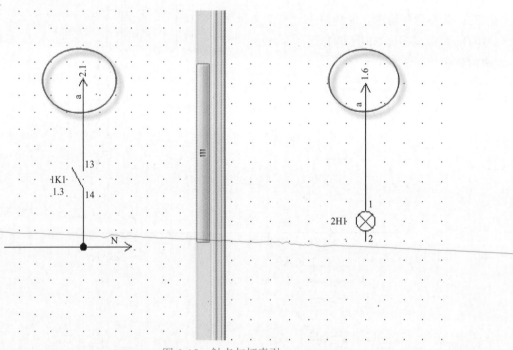

图6-15　触点与灯索引

4）通过在电线终端插入索引符号的方式建立交叉索引。如图6-16所示，可在索引符号数据库中查找索引符号。

　　按照上述方法，打开"工厂空调控制系统"项目进线回路原理图，如图 6-17 所示，在断路器下方插入索引符号，名称分别为 L11、L12、L13。

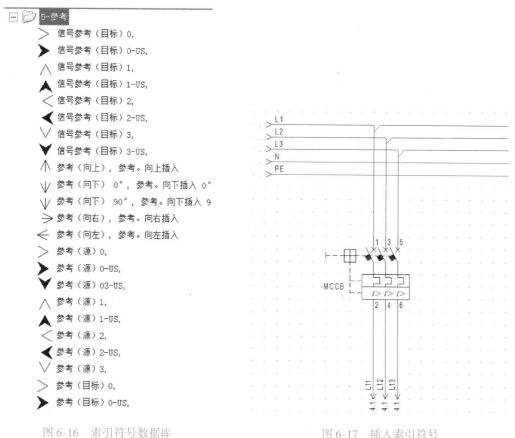

图 6-16　索引符号数据库

图 6-17　插入索引符号

2. 如何进行索引

　　交叉索引建立后，在交叉索引符号旁会有索引路径指示，双击索引路径，图纸会自动跳转，并用红色图钉导航符号标示，如图 6-18 所示。

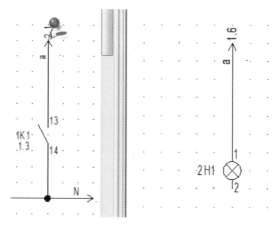

图 6-18　自动跳转

3. 显示索引目标

若需在图纸中显示索引目标，如图 6-19 所示，把索引符号的"显示目标"属性值设置为"开"即可。

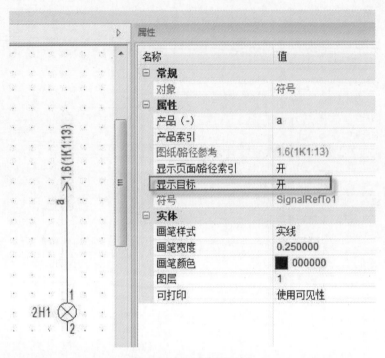

图 6-19　显示索引目标

任务六　插 入 端 子

1. 插入单个端子

从符号数据库端子文件夹中选择端子符号，符号随鼠标指针移动，移动鼠标指针至原理图。如图 6-20 所示，将端子符号放置在需要位置，弹出端子组件属性窗口，完成如下操作。

1)"产品（-）"：端子排名称。

2)"端子编号"：端子名称。

3)"端子分类"：端子排序，即端子在端子排中的位置。

2. 插入多个端子

符号数据库中含有多个端子的符号，如图 6-21 所示，可选择多个端子插入。

也可在符号数据库中选择单个端子符号，放置端子符号的同时按下键盘上的〈L〉或〈R〉键插入多个端子。

1)〈L〉键：放置符号前，可按键盘〈L〉键，单击两点形成垂直于电线的轴线，在轴线和电线的交点处会添加端子，如图 6-22 所示。

2)〈R〉键：放置符号的同时，按下键盘〈R〉键不放，绘制一个矩形，则在矩形与电线交点处会添加端子，如图 6-23 所示。

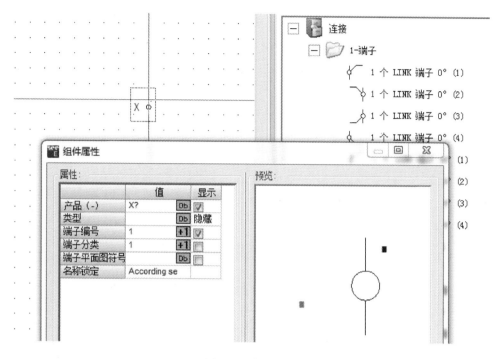

图 6-20　插入端子

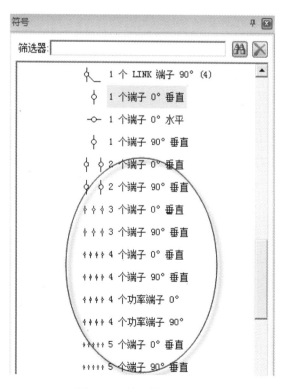

图 6-21　端子符号数据库

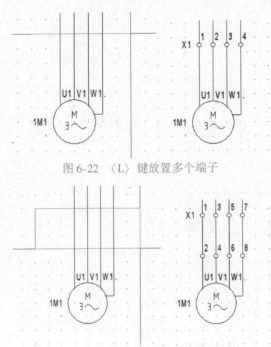

图 6-22 〈L〉键放置多个端子

图 6-23 〈R〉键放置多个端子

3. 绘制工厂空调控制系统项目端子

1）打开"工厂空调控制系统"项目，如图 6-24 所示，新建电路图图纸，打开"页面信息"对话框，在"页面说明行 01"中输入"主回路"，单击"确定"完成图纸新建。

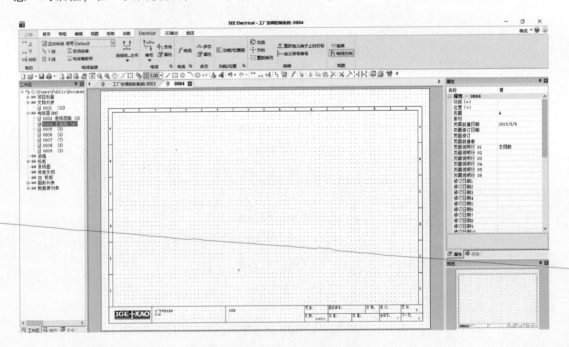

图 6-24 新建主回路电路图图纸

2）打开主回路电路图图纸，绘制电线及符号，如图 6-25 所示。

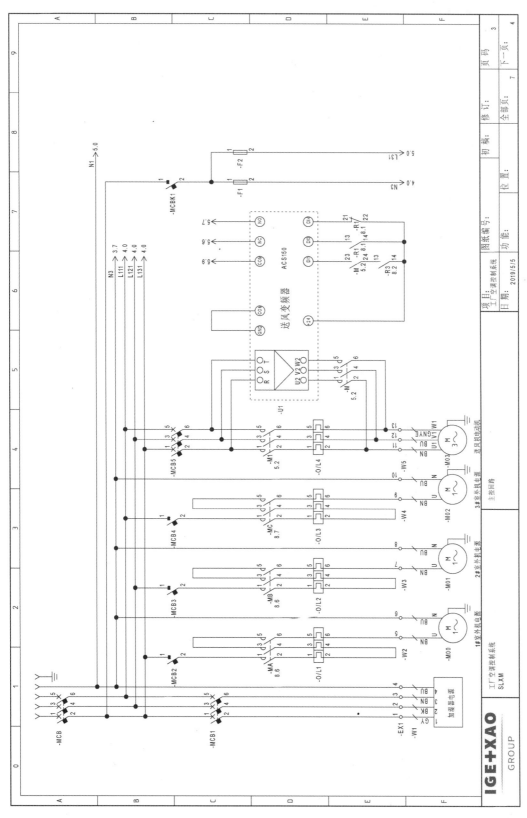

图6-25 绘制主回路电线及符号

3）在主回路电路图图纸中插入端子，具体如图6-26所示。

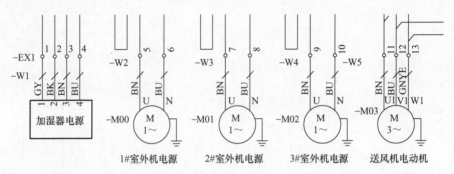

图6-26　端子细节图

任务七　插入电缆

单击"Electrical"→"电缆"命令，弹出电缆符号列表，如图6-27所示。

名称	开始符号	中间符号	结束符号	角度
Diagonal-Co	Cables\Symbols\Diagonal-St...	Cables\Symbols\Diagonal-E...	Cables\Symbols\Diagonal-E...	0
Diagonal-CoNo	Cables\Symbols\Diagonal-St...	Cables\Symbols\Diagonal-E...	Cables\Symbols\Diagonal-E...	0
Diagonal-No	Cables\Symbols\Diagonal-St...	Cables\Symbols\Diagonal-E...	Cables\Symbols\Diagonal-E...	0
SEE Cable Colour	Cables\Symbols\SEE Cable ...	Cables\Symbols\SEE Cable ...	Cables\Symbols\SEE Cable ...	0
SEE Cable No	Cables\Symbols\SEE Cable ...	Cables\Symbols\SEE Cable ...	Cables\Symbols\SEE Cable ...	0
Shielded cable	Cables\Symbols\Shield (nor...	Cables\Symbols\Shield (nor...	Cables\Symbols\Shield (nor...	0
Shielded cable with text for ca...	Cables\Symbols\Shield (nor...	Cables\Symbols\Shield (nor...	Cables\Symbols\Shield (nor...	0
Shielded cable-connect with te...	Cables\Symbols\Shield (nor...	Cables\Symbols\Shield (nor...	Cables\Symbols\Shield with c...	0
Shielded cable-connect1	Cables\Symbols\Shield (nor...	Cables\Symbols\Shield (nor...	Cables\Symbols\Shield End (...	0
Shielded cable-connect2	Cables\Symbols\Shield (nor...	Cables\Symbols\Shield (nor...	Cables\Symbols\Shield with c...	0
Shielded cable-connect2-das...	Cables\Symbols\Shield (das...	Cables\Symbols\Shield (das...	Cables\Symbols\Shield with c...	0
Shielded cable-connect-dash...	Cables\Symbols\Shield (das...	Cables\Symbols\Shield (das...	Cables\Symbols\Shield with c...	0
Shielded cable-dashed	Cables\Symbols\Shield (das...	Cables\Symbols\Shield (das...	Cables\Symbols\Shield (das...	0
Shielded Cable-dashed with te...	Cables\Symbols\Shield (das...	Cables\Symbols\Shield (das...	Cables\Symbols\Shield (das...	0
Shielded cable-GND	Cables\Symbols\Shield (nor...	Cables\Symbols\Shield (nor...	Cables\Symbols\Shield-End-...	0
Shielded cable-GND with text f...	Cables\Symbols\Shield (nor...	Cables\Symbols\Shield (nor...	Cables\Symbols\Shield-End-...	0
Shielded-Twisted cable	Cables\Symbols\Twist-Shield...	Cables\Symbols\Twist-Shield...	Cables\Symbols\Twist-Shield...	0
Twisted cable	Cables\Symbols\Twist-Start	Cables\Symbols\Twist-Middle	Cables\Symbols\Twist-End	0
Twisted cable-GND	Cables\Symbols\Twist-Start	Cables\Symbols\Twist-Middle	Cables\Symbols\Twisted-En...	0
Vertical shielded cable	Cables\Symbols\V-Shield-Start	Cables\Symbols\V-Shield-Mi...	Cables\Symbols\V-Shield-End	90
Vertical shielded cable Nr. hori...	Cables\Symbols\V-Shield-St...	Cables\Symbols\V-Shield-Mi...	Cables\Symbols\V-Shield-En...	90
Vertical shielded cable Nr. hori...	Cables\Symbols\V-Shield-St...	Cables\Symbols\V-Shield-Mi...	Cables\Symbols\V-Shield-En...	90

选择电缆　　　—　□　×

电缆：

确定　取消

图6-27　电缆符号列表

在电缆列表中选择需要的电缆符号，如屏蔽电缆、屏蔽接地电缆、屏蔽双绞电缆等。单击"确定"后，在图纸上鼠标单击两点形成垂直于电线的轴线，在轴线和电线交点处会插入电缆，针对"工厂空调控制系统"项目，在"主回路"图纸中插入电缆，具体如图6-28所示。

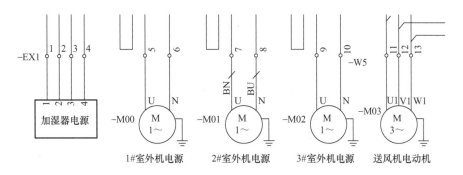

图 6-28　插入电缆

任务八　分配类型

有多种方法给符号分配类型，下面将详细介绍各种方法。

1. 通过类型数据库浏览器分配类型

在工厂空调控制系统项目中，打开"进线回路"图纸，选中 MCCB 断路器，双击符号，弹出组件属性窗口，如图 6-29 所示。单击"类型"栏中的 Db 按钮，进入类型数据库，如图 6-30 所示，也可在"类型"栏中手动输入型号。

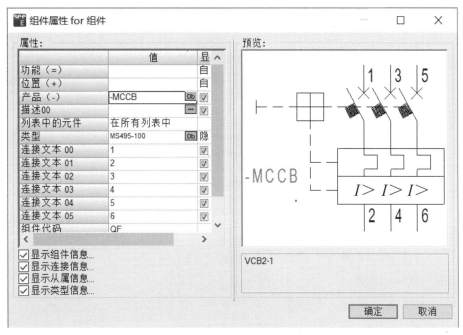

图 6-29　组件属性窗口

1）单击在各厂商条目前的 ⊞ 标记，或者双击各厂商条目，展开"厂商"，可看到具体的设备类型。

2）在"筛选器"字段中输入所需类型 MS495-100，并按下〈Enter〉键或单击 ▥ 按钮。

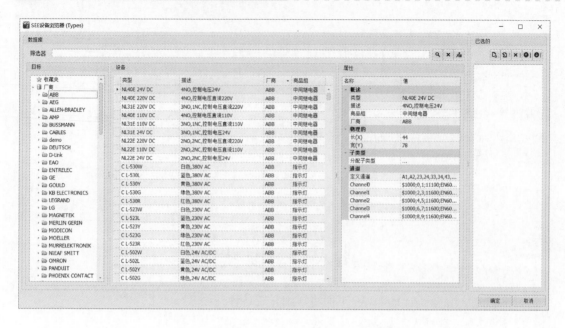

图6-30 类型数据库

3）输入完整或不完整的名称。输入星号"＊"后显示所有类型。单击末端按钮 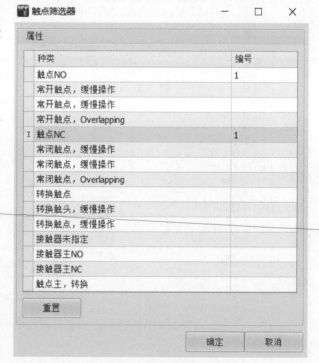，将在窗口中间部分显示对应于筛选器标准的类型。如果要为线圈或具有辅助触点的组件选择型号，可根据触点数量筛选型号。勾选类型数据库浏览器中触点筛选器区域的"启动"选项，弹出"触点筛选器"窗口，如图6-31所示。启动筛选器后，将筛选出符合条件的类型，并显示在列表中。

4）选择所需类型并双击该类型，它将被传递到窗口右侧的选定内容"已选的"窗格中，如图6-32所示。

5）在图6-32所示区域可选择多种类型，例如一个接触器的主类型、一个或几个附件。所有类型都将被分配到组件中，并通过组件属性窗口中的分号"；"单独显示（例如：类型1；类型2）。

① 单击按钮 ✕|，可将一个条目从"已选的"窗口中删除。

② 单击按钮 ⟳|，可输入不在类型数据库中的类型。

③ 单击按钮 ⦿|，所选择的类型将在已选择类型列表中向上移动。对于线圈，"主类型"必须为列表中的第一条，以使其触点在触点镜像中首

种类	编号
触点NO	1
常开触点，缓慢操作	
常开触点，缓慢操作	
常开触点，Overlapping	
触点NC	1
常闭触点，缓慢操作	
常闭触点，缓慢操作	
常闭触点，Overlapping	
转换触点	
转换触头，缓慢操作	
转换触点，缓慢操作	
接触器未指定	
接触器主NO	
接触器主NC	
触点主，转换	

图6-31 触点筛选器

先显示。

④ 单击按钮 ◉⊢，所选择的类型将在已选择类型列表中向下移动。

⑤ 单击"确定"按钮关闭窗口。

2. 通过组件窗口分配类型

通过此方式可以一次给一个或多个符号分配型号。在原理图中先选中一个或者多个符号，然后打开左侧或右侧面板中的"组件"窗口，在"组件"窗口中查找到需要的类型。单击右键，如图6-33所示，选择"将类型添加到所选的组件"命令。

图 6-32 已选的类型

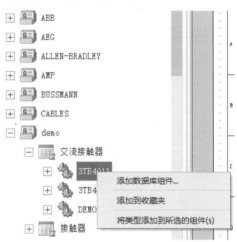

图 6-33 将类型添加到所选的组件

3. 通过产品编辑器分配类型

通过"数据库列表"中"产品编辑器"一次给一个或者多个符号分配类型。打开左侧或右侧面板中的工作区窗口，在项目树中打开数据库列表中的产品编辑器。如图6-34所示，批量选中需要分配类型的符号，在右侧的编辑窗口中单击类型条目中的 ▣ 按钮，为所选符号分配类型。

图 6-34 产品编辑器分配类型

4. 通过添加组件功能分配类型

单击"功能"→"组件"→"增加"命令，弹出类型数据库浏览器，从类型数据库浏览器中选择需要的类型，单击"确定"按钮后弹出"符号"窗口，如图6-35所示。"符号"窗口中显示的为与该类型相关的符号，将符号放置到原理图中，符号将自动分配类型。

注意：如果一个类型包含多个部分，如接触器、继电器等包含多个触点，且该类型定义了相应通道，用户可使用"功能"→"组件"→"完整的"命令，插入缺失的部分。

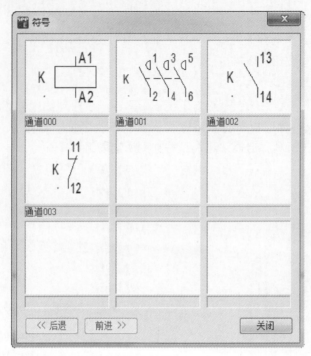

图 6-35　添加组件

5. 工厂空调控制系统项目类型分配

在工厂空调控制系统项目中，打开主回路图纸，使用本任务相关功能，为主回路图纸分配类型。具体类型参见完整图纸中的"备件列表"。

任务九　电线编号

1. 生成电线编号

电线编号生成方式有多种：

1）手动编号：如图 6-36 所示，双击电线，在弹出的电线属性对话框中填写电线编号。

2）自动电线编号：所有电线具有唯一编号。单击"Electrical"→"电线"→"编号"菜单中的"生成"按钮，在弹出的"电线编号"窗口中，选择"电线编号"选项，所有电线将具有唯一编号。

3）自动电位编号：相同电位电线编号相同。单击"Electrical"→"电线"→"编号"菜单中的"生成"按钮，在弹出的"电线编号"窗口中，选择"电位编号"选项，等电位电线将具有相同编号，如图 6-37 所示。

4）按电线的信号处理编号：即电线可以按照不同信号功能（比如 Power 线、Control 线或 24V 线等）分别进行编号。在项目树的"电路图"节点上单击右键，选择"属性"命令，弹出"电路图属性"窗口，如图 6-38 所示，在"电线"选项卡中，选择"电线的信号处理"选项。

① 单击"信号设置"按钮，如图 6-39 所示，在弹出的"信号设置"窗口中，对各种类型电线进行设置。

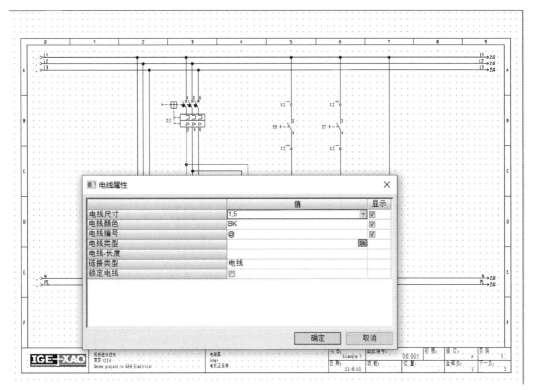

图6-36　手动编号

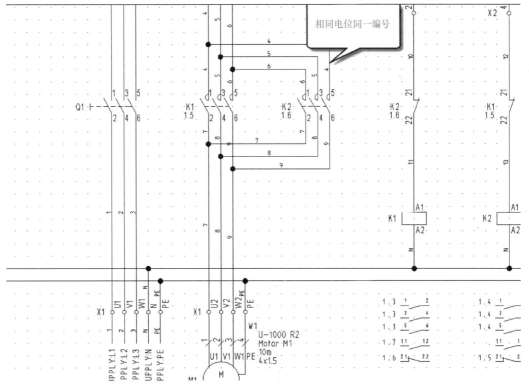

图6-37　电位编号

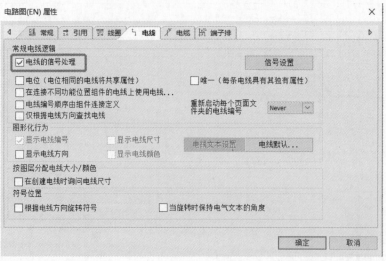

图 6-38　电线的信号处理

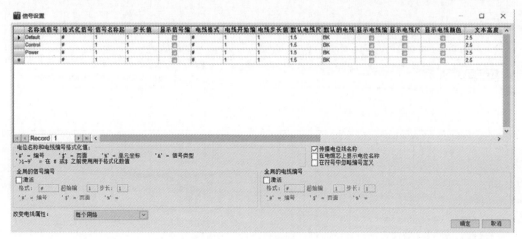

图 6-39　信号设置窗口

② 单击"Electrical"→"电线"→ "编号"菜单中的"生成"按钮，如图 6-40 所示，弹出"信号编号"窗口。勾选"生成信号上的编号"命令，单击"确定"按钮，即可生成电线编号，如图 6-41 所示，不同类型的电线可生成不同格式的编号。

2. 更新电线编号

要重新生成电线编号，则单击"Electrical"→"电线"→"编号"菜单中的"生成"按钮，在弹出的"电线编号"窗口中选择"未锁定的电线"选项，对电线进行重新编号，如图 6-42 所示。

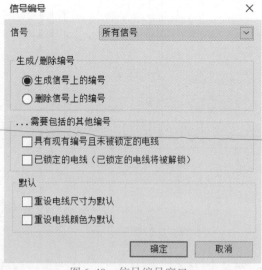

图 6-40　信号编号窗口

若被锁定的电线也需要重新生成电线编号，则将"已锁定的电线"选项也勾选，选用此选项后，重新生成电线编号的同时，电线将被解锁。

若使用信号处理方式，则在弹出的"信号编号"窗口中选择"具有现有编号且未被锁定的电线"选项，如图 6-43 所示。同样，若被锁定的电线也需要重新生成电线编号，则将"已锁定的电线"选项也勾选，选用此选项后，重新生成电线编号的同时，电线将被解锁。

3. 只为新电线编号

如需对新增回路电线进行编号，已编过的电线编号不改变，同样单击"Electrical"→

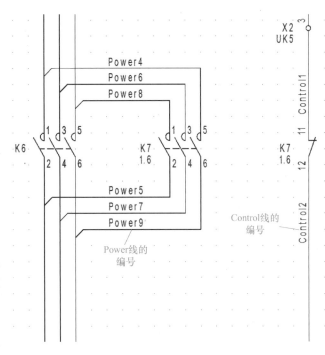

图 6-41 不同类型的电线编号

"电线"→"编号"菜单中的"生成"按钮，在弹出窗口中，不选择图 6-44 中选项即可。

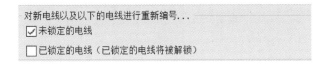

图 6-42 电线编号更新

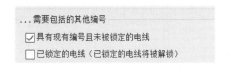

图 6-43 信号编号更新

图 6-44 给新电线编号

4. 电线编号对齐

电线编号生成后，为了图纸美观，可对部分编号进行对齐处理，步骤如下：

1）如图 6-45 所示，选择要对齐编号的电线。

2）选择"编辑"菜单下"文本"面板中的对齐命令，选择文本将其移动到需要的位置，单击鼠标左键即可实现电线编号对齐，如图 6-46 所示。

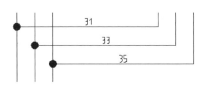

图 6-45 需对齐的电线编号

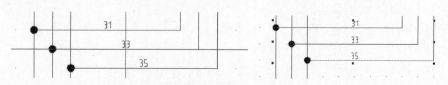

图 6-46　对齐电线编号

5. 锁定电线

对于一些手动填写的特殊电线编号，用户可将这类电线锁定，避免在做电线编号处理时，更改这类编号。锁定电线有多种方式：

1）双击电线，在弹出的"电线属性"窗口中，选择"锁定电线"选项，如图 6-47 所示。

	值	显示
电线尺寸	1,5	☑
电线颜色	BK	☑
电线编号	31	☑
电线类型		Db
电线-长度		
链接类型	电线	
锁定电线	☑	

确定　　取消

图 6-47　锁定电线

2）可在图纸上同时选中多根电线，在左侧或右侧面板属性窗口中将"锁定电线"属性选为"开"，多根电线可同时被锁定，如图 6-48 所示。

3）通过数据库列表中电线编辑器锁定电线。打开左侧或右侧面板中的工作区窗口，在项目树中打开数据库列表中的电线编辑器，如图 6-49 所示，可在电线编辑器中批量选中需锁定的电线，而后在右侧编辑窗口中选中"锁定电线"选项。

6. 不同文件夹中定义相同电线编号

如图 6-50 所示，"重新启动每个页面文件夹的电线编号"（"电路图属性"

名称	值
⊟ **常规**	
对象	电线
⊟ **属性**	
电线尺寸	1,5
显示电线尺寸	开
电线颜色	BK
显示电线颜色	开
电线编号	**DIFF**
显示电线编号	开
链接类型	电线
电线类型	
电线-长度	
锁定电线	开
起点 X1	155.000000
起点 Y1	70.000000
终点 X2	155.000000
终点 Y2	125.000000

图 6-48　同时锁定多根电线

窗口→"电线"选项卡）是基于文件夹等级号对电线编号，即可在工作区的不同文件夹中使用相同的电线编号（例如都从 1 开始进行电线编号）。默认情况下，"重新启动每个页面文件夹的电线编号"设置为"Never"。

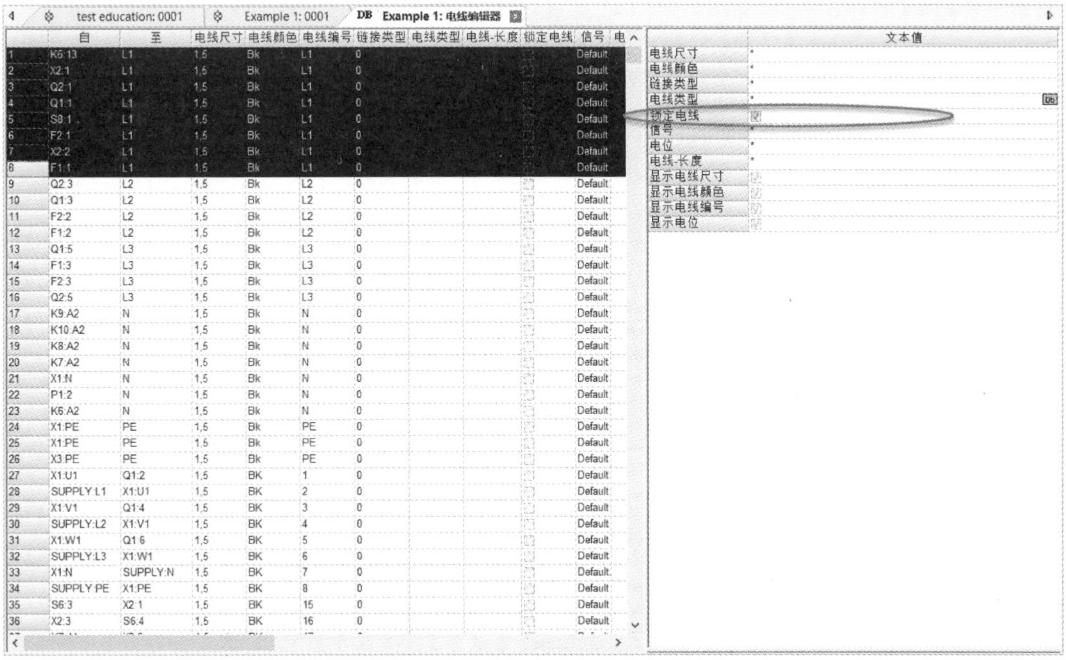

图 6-49　电线编辑器锁定电线

图 6-50　重新启动每个页面文件夹的电线编号

7. 工厂空调控制系统项目电线编号

在工厂空调控制系统项目中，使用本任务相关功能，为进线回路、主回路进行电线编号，规定编号方式为电位编号。完成后的主回路电线编号如图 6-51 所示。

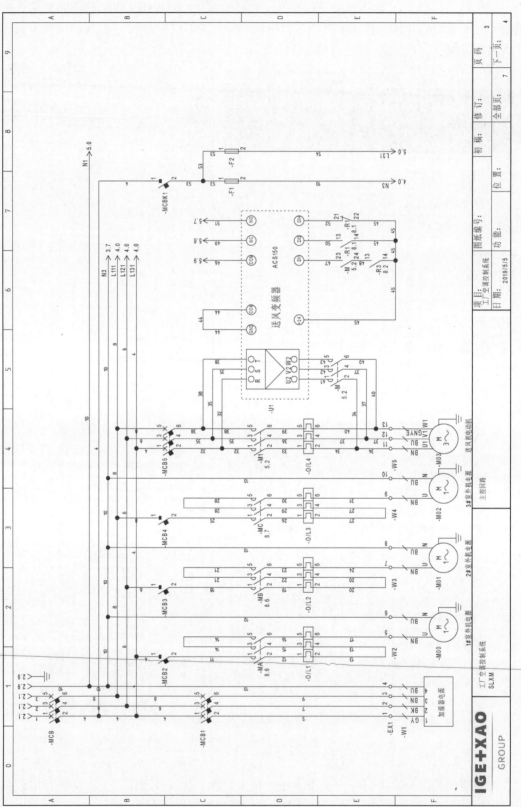

图6-51　主回路电线编号

小 结

本项目主要介绍了电线绘制、符号放置、设备型号选择、端子绘制、电缆添加、电线编号等内容，这些内容对完成工厂空调控制系统项目绘制非常重要。在传统电气设计教材中，大多以原理为主而忽略了很多实际项目中必不可少的部分，例如端子、电缆、参考引用等内容，本项目将这些部分进行了补充，保证了项目的完整性，以便于读者更好地了解企业电气工程制图的实际情况。

实训 绘制工厂空调控制系统项目电气原理图

1. 实训内容

根据原理图的绘制方法，绘制电线，添加符号并完成设备选型，绘制电缆，创建参考引用，而后进行电线编号，最终完成工厂空调控制系统项目电气原理图绘制。

2. 实训目的

1）掌握电位线及电线的绘制方法。

2）掌握符号及设备型号的添加方式。

3）掌握端子、电缆的绘制方法。

4）掌握参考引用的添加方法。

5）掌握电线编号方法

3. 实训步骤

1）新建电路图图纸：打开工厂空调控制系统项目，新建"电加热回路"与"控制回路"原理图图纸，打开"页面信息"对话框，在"页面说明行01"中输入相应图纸说明，单击"确定"完成图纸新建，如图6-52所示。

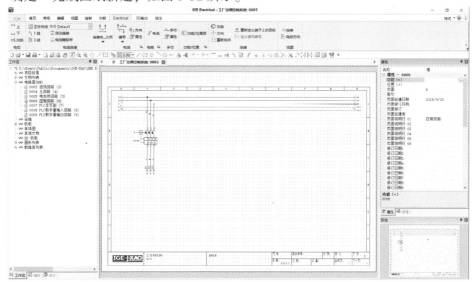

图6-52 创建电路图页面

2）完成电位线及电线绘制：绘制"电加热回路"图纸与"控制回路"图纸电位线及电线。

3）完成符号插入：为"电加热回路"图纸与"控制回路"图纸插入符号。

4）完成参考引用创建：为"主回路"图纸、"电加热回路"图纸、"控制回路"图纸添加参考引用。

5）完成端子插入：为所有当前已创建原理图插入端子。

6）完成电缆插入：为所有当前已创建原理图插入电缆。

7）完成类型选择：为所有当前已创建原理图进行设备类型分配。

8）完成项目电线编号：为当前项目进行项目电线编号。

9）详细图纸见项目十的任务二工程图纸。

工厂空调控制系统机柜设计

在完成了工厂空调控制系统原理图后，本项目将介绍机柜设计部分。在企业实际项目中，只有提供准确的机柜布局图纸，工艺或现场施工人员才能正确地摆放元器件，所以机柜布局设计是电气设计项目中必不可少的部分。

在传统的电气机柜绘制方法中，元器件多为工程师自己绘制，并大多使用简单的几何图形替代，例如很多断路器、接触器等元器件多使用矩形替代。同时在绘制元器件的过程中，必须查阅大量的元器件选型手册，以便保证元器件尺寸正确。一旦在绘制过程中，尺寸出现错误，则实际安装中很可能由于空间不足无法按照设计布局。

而在智能电气设计软件平台中，包含了大量的元器件外形数据库，可自动拖拽元器件，并且元器件属性中自带尺寸信息，元器件能够按照页面比例自动缩放，保证了机柜布局的美观性、准确性，同时也大大地提高了项目设计效率。

学习重点

1）机柜图创建。

2）面板、导轨、线槽绘制。

3）元器件布局。

4）尺寸标注。

任务一　创建机柜图

创建机柜图图纸方法如下：

1）在项目树"机柜"节点上，单击右键，在弹出的快捷菜单中选择"新建"命令，如图 7-1 所示，同时弹出"页面信息"窗口，在"页面说明行 01"中，输入"机柜图"页面信息，单击"确定"按钮。

2）打开机柜图页面，如图 7-2 所示，菜单栏会显示机柜图相关的命令。

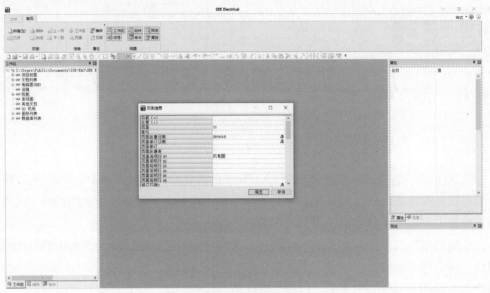

图 7-1 创建机柜图图纸

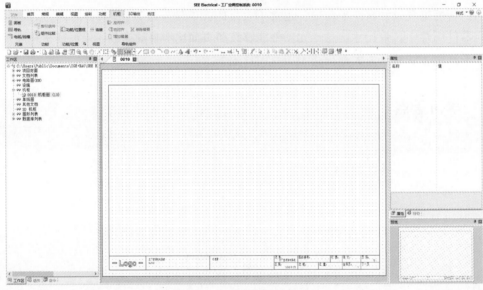

图 7-2 机柜菜单栏

任务二 绘 制 机 柜

绘制机柜有两种方法：

1）方法一：完成机柜图纸创建后，选择"机柜"→"元素"→"面板"命令，单击矩形的第一个点，按下空格键，就弹出坐标对话框，在该对话框中指定机柜 dX 为 700mm，dY 为 1500mm，单击"确定"，机柜即在图纸中显示，如图 7-3 所示。

2）方法二：如图 7-4 所示，机柜可通过符号数据库添加，可直接从符号数据库中选择机柜符号，拖至图纸中。

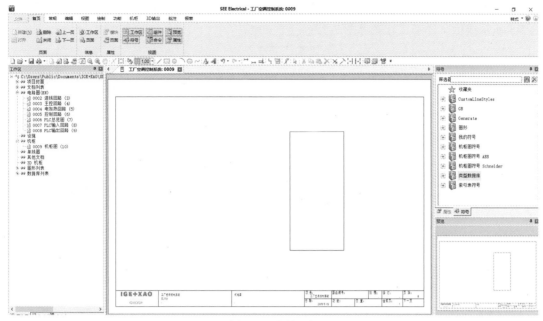

图 7-3 绘制面板

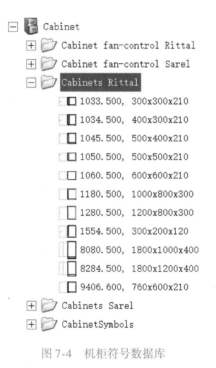

图 7-4 机柜符号数据库

任务三 绘 制 线 槽

单击"机柜"→"元素"→"电缆/线槽",弹出"绘制通道"对话框,在该对话框中指定电缆/线槽宽度、长度、角度。针对"工厂空调控制系统"项目,设置宽度为50mm,

长度为600mm。单击"确定",单击鼠标左键放置电缆/电线槽。使用以上方法,绘制如图7-5所示线槽,详细尺寸参考图7-12。

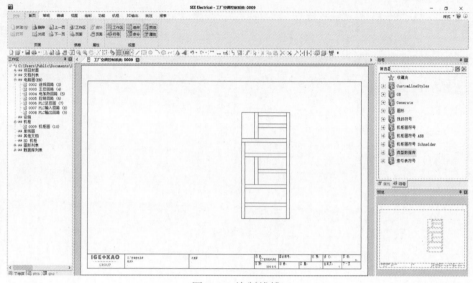

图7-5　绘制线槽

任务四　绘制导轨

1)单击"机柜"→"元素"→"导轨",就弹出"绘制导轨"对话框,可以在该对话框中指定导轨的长度、宽度。针对"工厂空调控制系统"项目,设置宽度为35mm,长度为500mm。单击"确定",单击鼠标左键放置导轨,使用以上方法绘制如图7-6所示导轨。

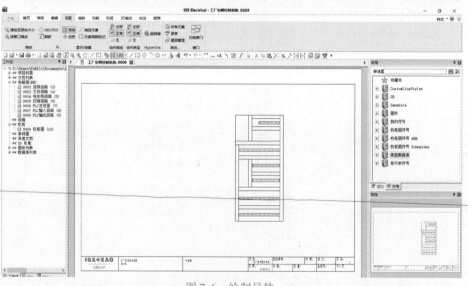

图7-6　绘制导轨

2)调整导轨线槽长度,双击导轨或线槽弹出"组件属性"窗口,如图7-7所示,在该窗口中的长度属性中输入新的长度,单击"确定"按钮。

图 7-7　线槽属性

任务五　插入设备

单击"功能"→"其他"→"选择列表"，出现"选择列表"对话框，从显示的列表中选择待插入对象。

1. 插入单个设备

在"选择列表"中，选中某个条目，然后单击"加载"按钮，或双击此条目，即可将该设备放置到图纸中。

2. 插入多个设备

使用〈Shift〉和〈Ctrl〉键可选中多个设备，如图 7-8 所示，可在"放置选定的组件"区域定义设备插入的方式，在"组件间的距离"区域定义设备之间的间距。

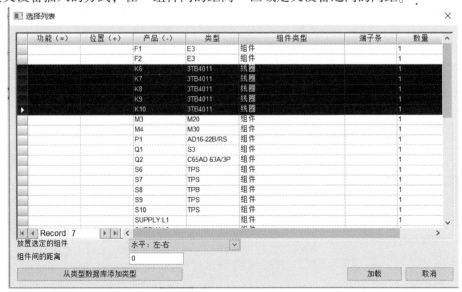

图 7-8　选择列表

3. 为"工厂空调控制系统项目"插入设备

按照上述方式，插入设备，完成工厂空调控制系统机柜布局，如图7-9所示。

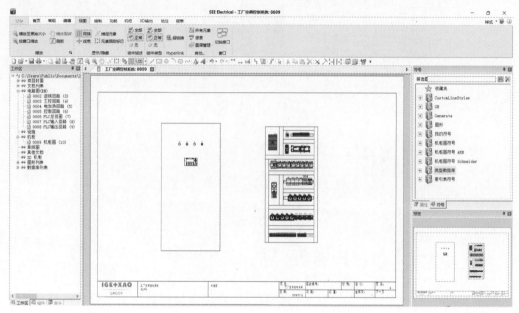

图7-9　工厂空调控制系统机柜布局

任务六　对齐设备

机柜图中设备对齐命令在"机柜"→"导轨组件"中，如图7-10所示。

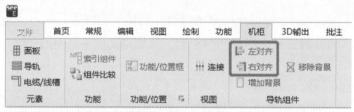

图7-10　对齐设备

选中某个导轨，单击对齐命令，导轨上设备会自动对齐。

任务七　绘制标注

1）绘制标注的命令在"绘制"→"标注"中，如图7-11所示。

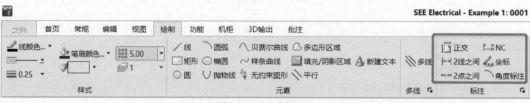

图7-11　绘制标注

2）按照上述方式，为"工厂空调控制系统项目"绘制标注，完成后如图7-12所示。

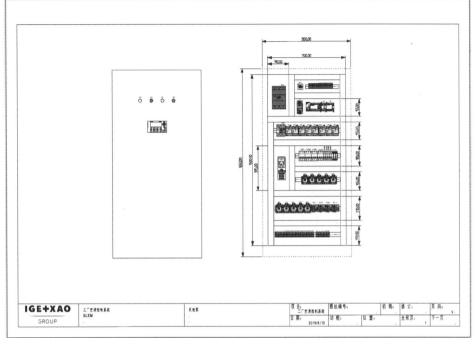

图7-12 工厂空调控制系统机柜标注

任务八 设备导航

如需查看机柜图中设备在其他类型图纸中的位置，可进行导航操作。使用"常规"→"选择"→"组件"命令在导轨上选中某个设备，单击鼠标右键，如图7-13所示，在弹出菜单中单击"跳至"，在其子菜单中选择需跳转至的图纸类型。

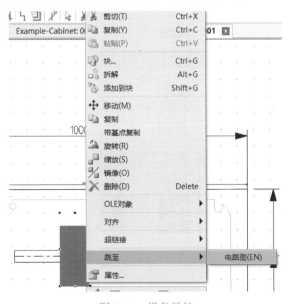

图7-13 设备导航

任务九 设备对照

为保证机柜图与原理图的统一，尤其在图纸修改后，可使用"机柜"→"组件比较"命令进行设备比较，如图 7-14 所示，发生更改的设备会高亮显示，如图 7-15 所示。

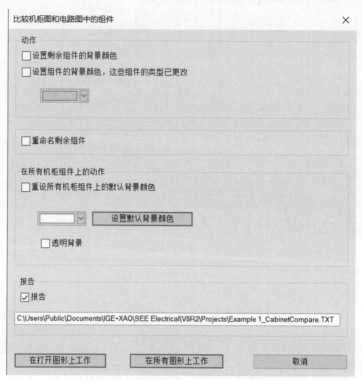

图 7-14　组件比较

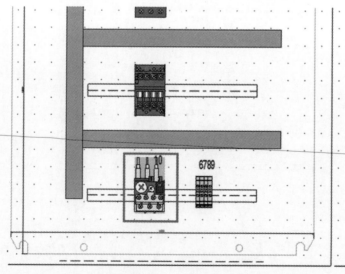

图 7-15　更改设备高亮显示

小　结

本项目主要介绍了工厂空调控制系统项目机柜设计方法，主要包括面板、导轨、线槽绘制，元器件布局及尺寸标注等内容。这部分内容是理论学习中很少涉及的，但是，机柜图在企业生产过程中是必不可少的。通过本项目读者更加直观地了解了电气工程制图中的机柜设计部分，补充传统理论教学缺失部分，更全面地了解电气设计项目的内容。

实训　绘制工厂空调控制系统项目机柜图

1. 实训内容

通过本次实训，完成工厂空调控制系统项目机柜图。

2. 实训目的

1）创建机柜图。

2）绘制面板、线槽、导轨。

3）放置元器件。

4）添加尺寸标注。

3. 实训步骤

1）创建机柜图图纸。如图 7-16 所示，在"页面说明行 01"中输入"机柜图"。

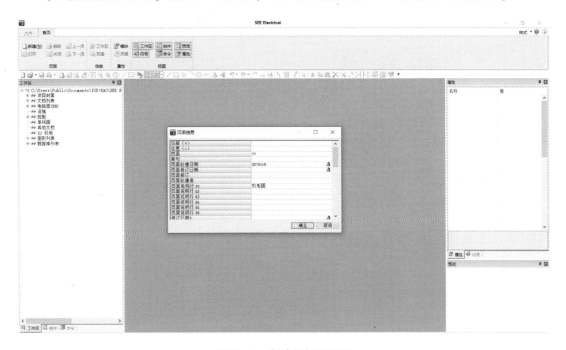

图 7-16　创建机柜图图纸

2）绘制面板。如图 7-17 所示，设置机柜 dX 为 700mm，dY 为 1500mm。

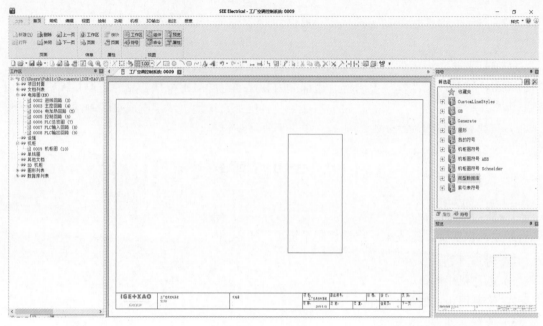

图 7-17   绘制面板

3）绘制线槽。如图 7-18 所示，设置线槽宽度为 50mm，横向长度为 600mm，纵向线槽长度为 1500mm。

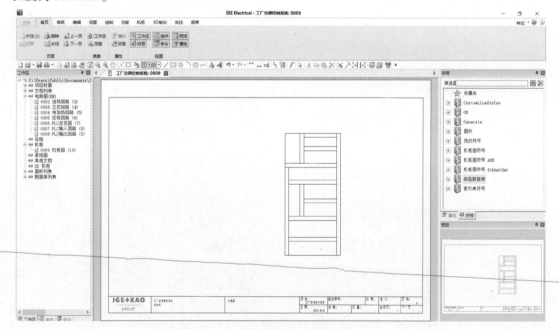

图 7-18   绘制线槽

4）绘制导轨。如图 7-19 所示，设置导轨宽度为 35mm，长度为 500mm。

5）插入设备。插入设备后如图 7-20 所示。

6）插入尺寸标注。插入尺寸标注后如图 7-21 所示。

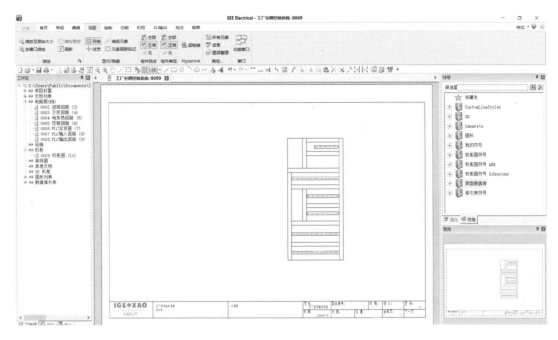

图 7-19　绘制导轨

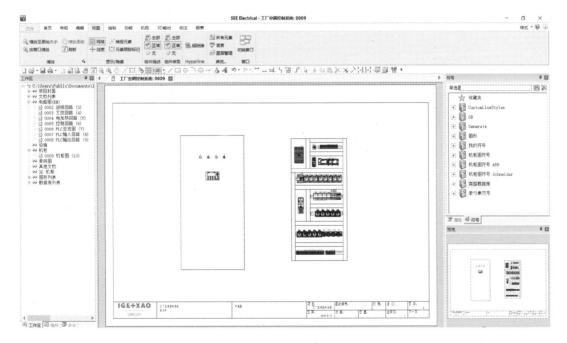

图 7-20　插入设备

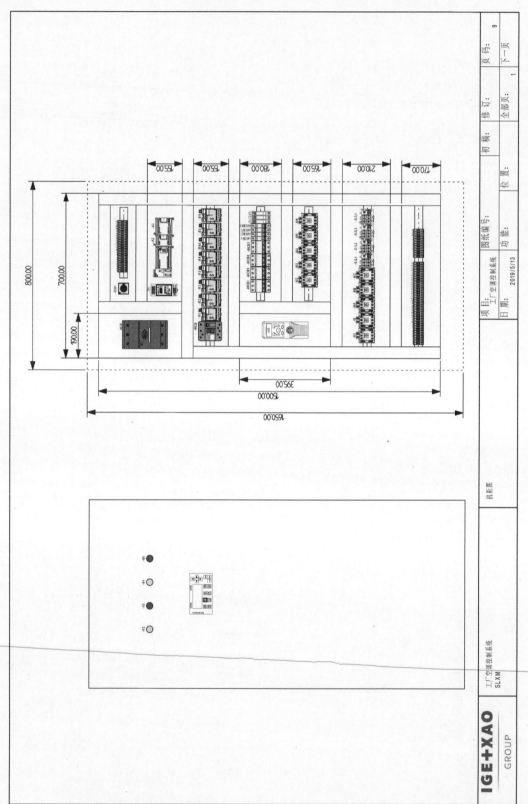

图 7-21 插入尺寸标注

工厂空调控制系统项目管理

在完成了原理图与机柜布局图后，还需一些图表文件以满足采购接线等部门需求，在传统设计中，图表清单多为工程师手动统计，花费大量时间同时错误率较高，而在 SEE Electrical 软件中，图表可自动生成。

另外除图表外，根据标准化要求，项目设计在遵循国际或国家标准前提下，同时需要符合企业自己的工艺流程，需要定制数据库、页面面板、项目模板等标准化文件。

本项目将讲解工厂空调控制系统项目管理方面的内容，包括图形列表、类型数据库、页面模板、项目模板等，以便于创建企业自己的电气标准化系统，建立电气项目管理体系。

学习重点

1) 图形列表生成。
2) 数据库列表及类型数据库管理。
3) 页面及项目模板。
4) 项目打印。

任务一　图形列表生成

原理图绘制完成后，SEE Electrical 可一键生成所有需要的清单及接线图，例如元器件明细表、采购清单、元器件接线图/表、电缆接线图/表以及端子接线图/表等，这些表能准确无误地对原理图进行统计。把列表清单快速提供给采购部门，可提高项目的整体进度；把图形化的列表提供给装配部门，接线信息更容易理解，接线更准确。

清单及接线图依据模板生成，SEE Electrical 包含标准模板，用户也可根据需要自定义模板。

1. 自动生成图形列表

图形列表的生成有两种方式：

1) 打开左侧或右侧面板上的工作区窗口，在项目树的"图形列表"节点上单击右键，选择"生成"命令，弹出"生成图形列表"窗口，如图 8-1 所示，勾选需要的清单或接线图，单击"生成"按钮，可以一键生成所有需要的清单及接线图。

2) 展开"图形列表"节点，如图 8-2 所示，显示所有清单和接线图节点，在需要生成清单或接线图的节点上单击右键，选择"生成"命令。

注意：有些列表中，组件是否存在取决于组件的"列表中的元器件"属性的值，该值在如图 8-3 所示的"组件属性"对话框中指定。

图 8-1 生成图形列表窗口   图 8-2 图形列表

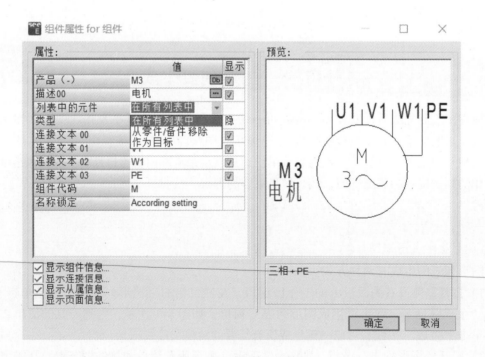

图 8-3 组件属性对话框

● "在所有列表中"：默认选择项，组件出现在所有相应的列表中（零件列表、备件列表和产品/端子/连接器列表）。

●"从零件/备件移除"：产品不在零件列表和备件列表中，但仍存在于产品/端子/连接器列表中。

●"作为目标"：产品既不出现在零件列表和备件列表中，也不出现在产品/端子/连接器列表中。

2. 更改模板

软件默认会给所有图形列表配置一个标准模板，如需更改模板，可采用如下步骤：展开"图形列表"节点，显示所有清单和接线图节点，在需要更改模板的清单或接线图节点上单击右键，选择"属性"命令，弹出"列表属性"窗口，如图8-4所示，在"页面模板"区域选择合适的模板，单击"确定"按钮，完成更改。

3. 删除图形列表

如需删除所有生成的列表，打开左侧或者右侧面板中的"命令"窗口，双击"DL"命令，如图8-5所示。

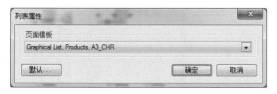

图8-4　列表属性对话框

图8-5　删除所有图形列表

4. 自动生成工厂空调控制系统项目图形列表

按照上述方式，生成工厂空调控制系统图形列表，如图8-6所示，本项目规定图形列表依次为备件列表、端子矩阵、电缆端子排平面图、产品接线图。

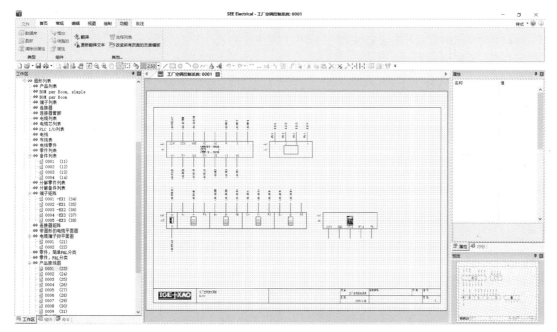

图8-6　生成工厂空调控制系统项目图形列表

任务二 数据库列表管理

SEE Electrical 提供项目数据集中批量处理、批量修改功能。可批量修改设备型号、批量更改图框、批量锁定电线、批量重新编号等，图纸相关联部分实时更新，保证数据批量编辑的实时性与准确性。所有批量处理与批量修改工作可在项目树的"数据库列表"中完成。

数据库列表中有两种类型的列表，分别为视图类列表和编辑类列表。

1）视图类列表，可对项目数据做筛选、排序、导航至图纸等操作，如图 8-7 所示。

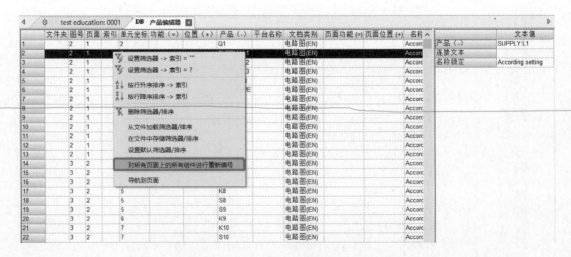

图 8-7 视图类列表

2）编辑类列表可对项目数据做批量编辑。

① "产品编辑器"可为设备重新编号等，如图 8-8 所示。

图 8-8 对所有页面上的所有组件重新编号

② "产品编辑器"可为设备批量分配型号等，如图8-9所示。

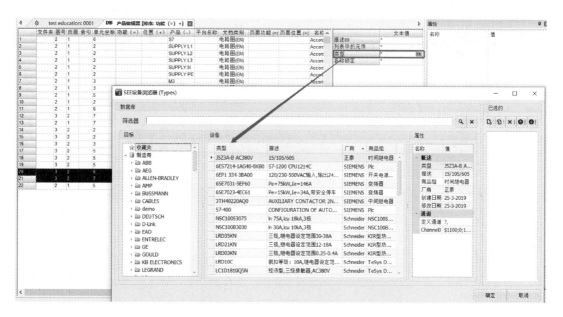

图8-9　设备批量分配型号

③ "端子编辑器"可为端子排添加备用端子，可对端子重新编号等，如图8-10所示。

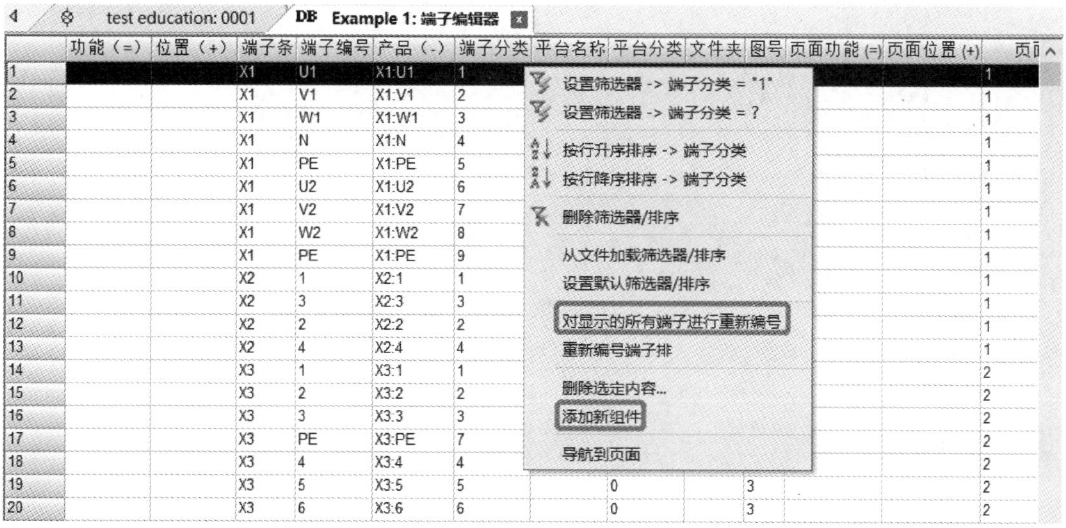

图8-10　端子编辑器

④ "文档编辑器"可批量更换页面模板、对页面重新编号等，如图8-11和图8-12所示。

注意："1＞1"中第一个"1"代表从第1页开始，第二个"1"代表间隔为1，即1，2，3，4…。若填写"1＞2"，代表从第1页开始，间隔为2，即1，3，5，7…。

	文档类别	图号	文件夹	文件夹描述	页面功能 (=)	页面位置 (+)	产品 (-)	页面	索引	页面创建日期	页面修订日期	页面修订	页i
1	项目封面	1						1		2011-4-29			
2	电路图(EN)	2						1		22-10-00	20-10-00		
3	电路图(EN)	3									20-10-00		
4	产品列表	4											
5	端子列表	5											
6	端子列表	6											
7	端子列表	7											
8	电缆列表	8											
9	电缆芯列	9											
10	电线	10											
11	电线	11											
12	电线	12											
13	布线表	13											
14	布线表	14											
15	零件列表	15											
16	端子矩阵	16											
17	端子矩阵	17											
18	端子矩阵	18							3		2011-2-17			
19	带图形的	19							1		2011-2-17			
20	电缆端子	20							1		2011-2-17			
21	产品接线	21							1		2011-2-17			
22	产品接线	22							2		2011-2-17			
23	带图形的	23							1		2011-2-17			
24	带图形的	24							2		2011-2-17			
25	带图形的	25							3		2011-2-17			

右键菜单：
- ▽ 设置筛选器 -> 页面位置 (+) = ""
- ▽ 设置筛选器 -> 页面位置 (+) = ?
- A↓Z 按行升序排序 -> 页面位置 (+)
- Z↓A 按行降序排序 -> 页面位置 (+)
- ✗ 删除筛选器/排序
- 从文件加载筛选器/排序
- 设置默认筛选器/排序
- 删除选定内容...
- 导航到页面
- 改变页面模板

图 8-11   批量更换页面模板

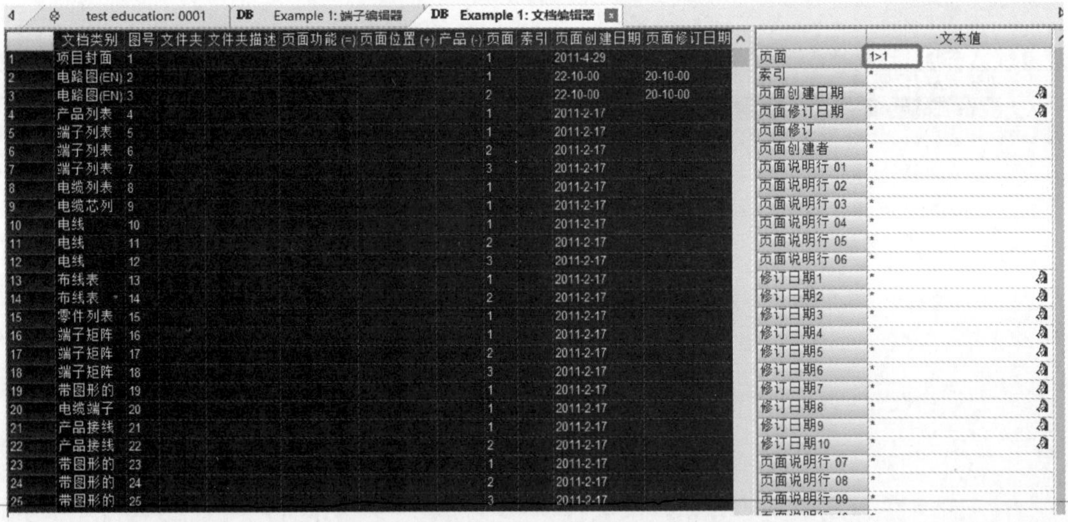

图 8-12   页面重新编号

⑤ "不在图纸中的组件编辑器"可插入不需要在原理图中体现的组件，或在项目绘制之初，先在"不在图纸中的组件编辑器"中导入项目所需元器件，再在原理图界面下，通过"功能"→"其他"→"选择列表"调出对应的电气符号。在"不在图纸中的组件编辑器"中右击，如图 8-13 所示，可使用"添加新组件"命令逐个添加元器件，也可使用"Excel-导入/导出"命令通过 Excel 表格批量导入元器件信息。

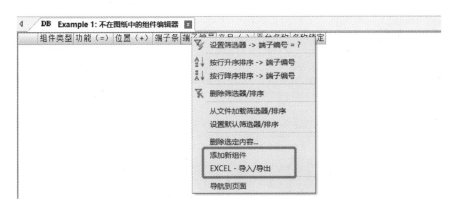

图 8-13　不在图纸中的组件编辑器

任务三　类型数据库管理

1. 类型数据库简介

类型数据库是存放设备类型信息的库，如设备的长、宽、高、电压、电流等。SEE Electrical 类型数据库有常用厂商设备型号，如 ABB、施耐德、西门子、欧姆龙等。

打开任意一张图纸，选择"功能"→"数据库"，即可打开类型数据库。类型数据库窗口由三个区域组成，如图 8-14 所示，左侧第一个区域按常用厂商和商品组列出设备，中间第二个区域显示具体的设备类型、描述、厂商和商品组等信息，右侧第三个区域显示所选设备的具体属性。

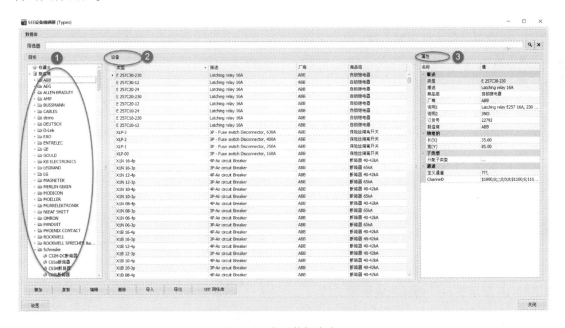

图 8-14　类型数据库窗口

2. 新增数据库类型

若需要新增数据库类型，有以下两种方式：

（1）手动增加

单击类型数据库底部"增加"按钮，在弹出窗口中输入相应类型信息，如图8-15所示。

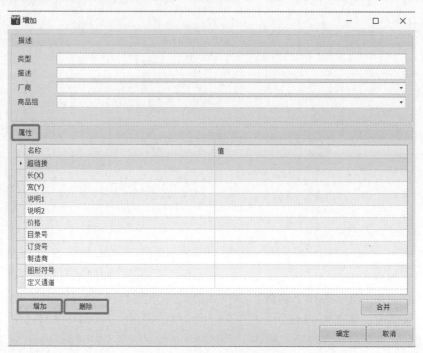

图8-15　手动增加数据库类型

● "类型"：设备类型的名称必须是唯一的，一种类型名称应仅出现一次。

● "描述"：对设备的说明。

● "商品组"：设备所属分类。

在下半部分"属性"框中，默认显示一些属性值，如电压、电流，可根据需要填写。若"属性"框中无所需属性，单击"增加"按钮，弹出如图8-16所示窗口，选择所需属性，即可将此新属性显示在"属性"框中。若想删除默认显示的属性，同理单击"删除"按钮，取消选择的相应属性即可。

（2）自动导入

单击类型数据库底部"导入"按钮，弹出如图8-17所示窗口，选择相应格式文件。

注意：可通过XML文件导入类型，例如使用Microsoft Excel应用程序创建的XML文件。但是，许多其他外部程序可能也会生成

图8-16　增加类型属性

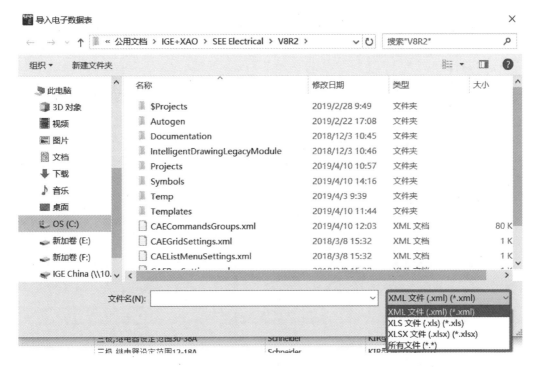

图 8-17　导入类型数据库

XML 文件，但其结构可能无法满足 SEE Electrical 的需求。建议将数据导出到 XML 电子表格，修改文件中的数据，而后重新导入它们。可使用 Excel 打开、编辑、保存 XML 电子数据表。

　　XML 电子数据表如图 8-18 所示，第一行为 SEE Electrical 每一列属性的 ID，第二行为列标题，下面区域为 SEE Electrical 数据库中的商品信息。如从 Excel 文件导入，可选择"所有文件"，如在图 8-19 所示窗口中，映射相应列的属性，导入设备类型。

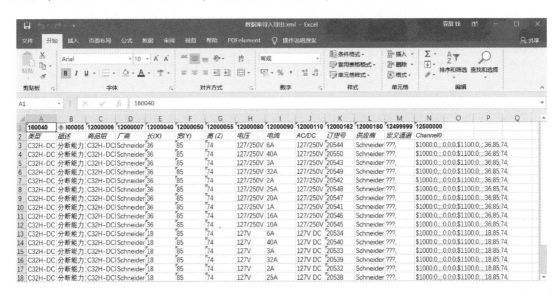

图 8-18　XML 电子数据表

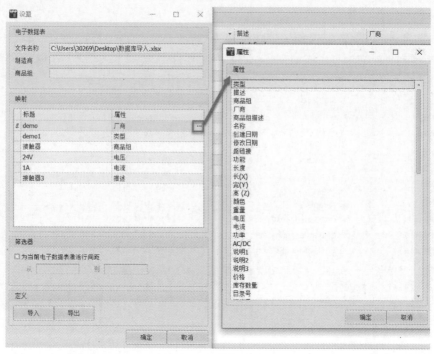

图 8-19　映射相应属性

3. 编辑数据库类型

可对类型数据库中设备类型属性进行编辑。

单击类型数据库窗口底部"编辑"按钮，如图 8-20 所示，在弹出的窗口中可对各属性进行编辑保存。

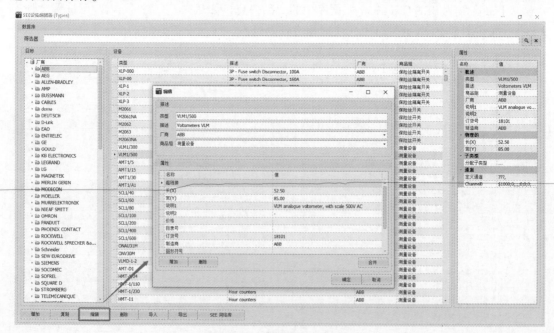

图 8-20　编辑数据库类型

4. 定义通道

定义通道是类型数据库的一个特殊属性。定义通道属性用来定义该型号默认关联的电路图、机柜图样式。

在"定义通道"字段单击 ⋯ 按钮，如图8-21所示，在"通道"对话框中创建通道定义。

图 8-21　定义通道

在属性框中选择相应绘图类型，如电路图、设施图、2D机柜图或3D机柜图。在"连接"区域，单击 ⋯ ，填入连接文本，并勾选，如图8-22所示。

图 8-22　定义通道添加连接文本

● "ID"字段：选择相应类型。

● "符号"字段：选择对应绘图类型的符号。

● "索引"字段：默认情况下，镜像符号显示触点交叉形式，若需自动显示触点镜像，实时更新所有触点路径，直观看出所有触点列表及使用情况，可在"索引"字段选择触点镜像符号（软件默认的触点镜像符号在"Types"→"Mirrors"文件夹中）。

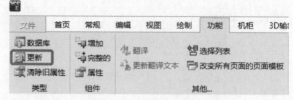

注意：修改完数据库后，需更新数据库。如图 8-23 所示，单击"功能"→"更新"。

图 8-23　更新数据库

任务四　页面模板的创建

通常基于页面模板创建新页面，电路图页面模板包含当前页面的属性，例如页面大小、第一上电位的位置、第一下电位的位置等。

1. 定义图纸设置

在 SEE Electrical 中可根据需要自定义所需样式的标准图纸。

将现有的电路图标准图纸删除（使用"常规"→"选择"→"全部"和"编辑"→"动作"→"删除"命令），得到一个没有任何内容的空白电路图页面。

（1）定义页面大小

对于空白页面，先定义页面大小。在空白页面中右击"页面属性"，在"属性"视图区域弹出如图 8-24 所示窗口。在"页面的 X-扩展"和"页面的 Y-扩展"栏中定义页面的大小，如 420 * 297——A3 页面、297 * 210——A4 页面。

（2）定义页面使用区域

在"页面模板区域"字段单击 ┉ 按钮，弹出"定义区域"窗口，如图 8-25 所示，在此窗口中定义页面的绘图区域、行列坐标。单击 按钮，框选绘图区域，如图 8-26 所示。定义区域后，起点的 X 坐标、Y 坐标、宽度和高度将显示在定义区域窗口"大小"字段中。

（3）定义行列标题

定义绘图区域后，需定义行列坐标——在"列数量"和"行数量"字段中均输入"1"，

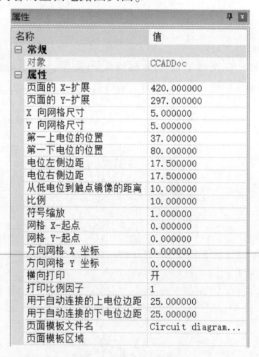

图 8-24　页面属性

单击刷新按钮 ，如图 8-27 所示，在"定义区域"窗口中仅一个单元格可见，双击行、列标题修改标题文本，定义规则，如第一列从 0，第一行从 A 开始编号。

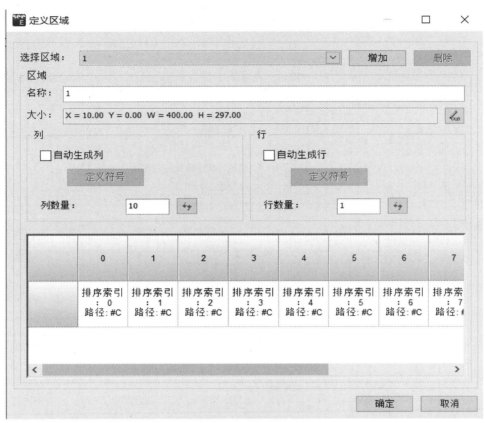

图 8-25 定义区域窗口

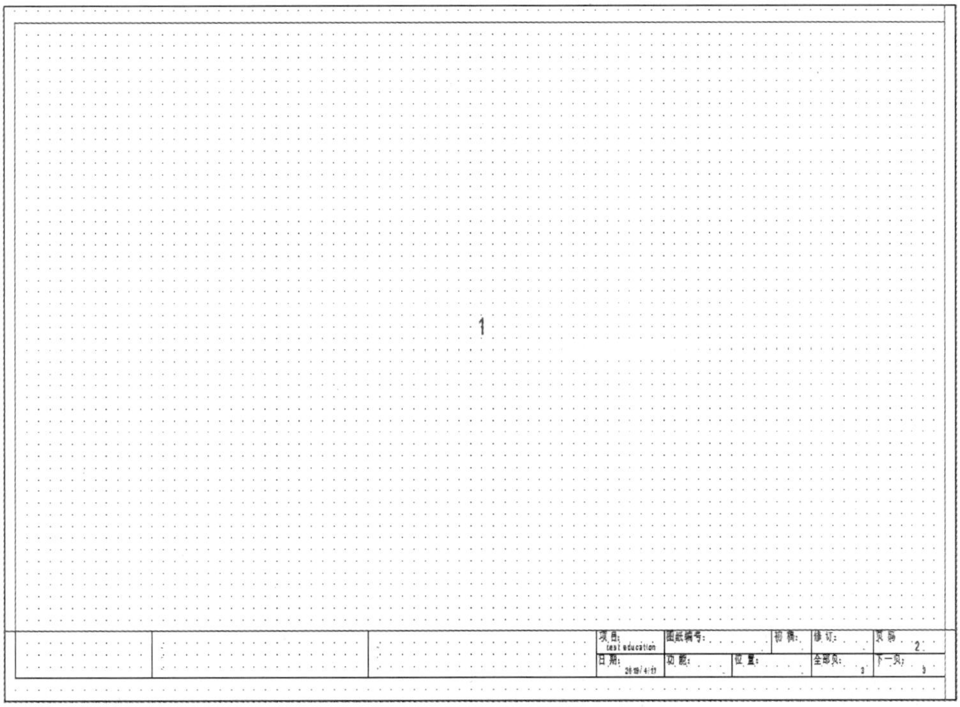

图 8-26 框选绘图区域

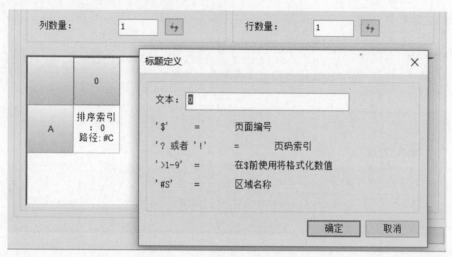

图 8-27　定义行列坐标规则

双击单元格，可自定义关联形式，如图 8-28 所示。

图 8-28　定义单元格规则

● "排序索引"字段：用于在数据库列表内进行排序，如果想从上到下，从左到右排序，在此处以"0"开头。

● "文本"字段：表示在组件名称或交叉引用中使用的单元坐标（列/行）信息。默认只显示列，用"#C"表示。若需行、列都显示，可同时使用"#C"和"#R"，中间使用自定义符号间隔，如"\"，即"#C \ #R"。

最小单元定义后，定义列数、行数，如图 8-29 所示，分别在"列数量"和"行数量"字段中输入相应值，单击刷新按钮 ![刷新] 生成相应行、列数。

（4）显示行列标题

定义行列标题后，一般需在图框中显示坐标号，如图 8-30 所示，在"定义区域"窗口中选择"自动生成行""自动生成列"命令，使用符号来自动生成行和列，此时"定义符号"按钮被激活，弹出"标题符号"窗口，在"开始符号""中间符号"和"结束符号"中分别选择相应符号。

图 8-29　定义行列坐标

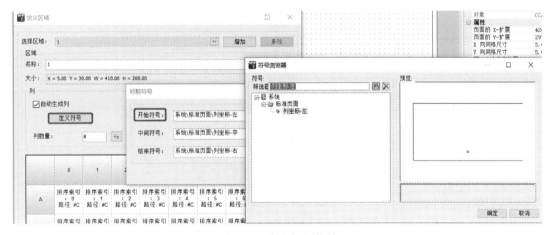

图 8-30　定义标题符号

　　注意：默认"符号浏览器"中"系统"符号库的"标准页面"文件夹中提供了开始、中间和结束符号。也可手动绘制相应几何图形作为行列标题，将其放置于符号库中，在"开始符号""中间符号"和"结束符号"中进行相应匹配即可。

（5）添加文本属性

　　在图纸图框中需显示一些项目和页面属性，例如项目名称、页码、日期等，如图 8-31 所示。

　　单击"绘制"→"新建文本"命令，如图 8-32 所示，图中有多种属性文本，可插入合适的文本。"普通文本"是在图纸中显示的固定文本，不可更改。其他属性文本不固定，可变化。例如，使用"页面"→"页面创建者"属性文本后，如图 8-33 所示，在"页面信息"窗口填入相关信息，则可在图框中显示相应信息。

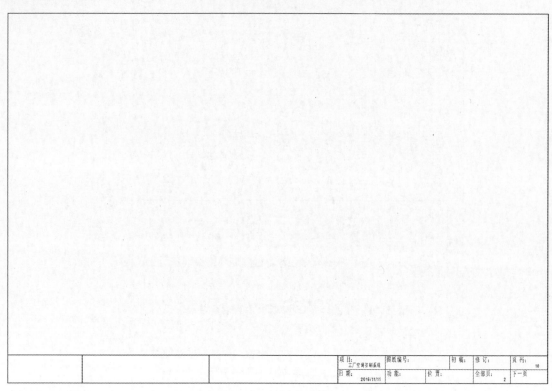

图 8-31 页面标题栏

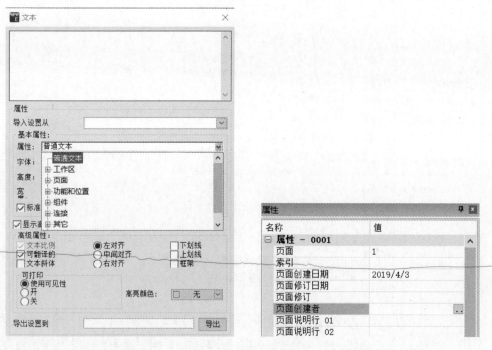

图 8-32 添加文本　　　　　　　　图 8-33 页面信息中添加页面创建者

（6）插入图片

选择"常规"→"插入"→"图片"命令，如图8-34所示，可在页面中插入图片，如单位 Logo，作为页面模板的一部分。

图 8-34　插入图片

2. 保存页面模板

将制作的页面全部选中，右击"块"→"页面模板，标题栏"，而后单击"文件"→"另存为"→"页面模板"，将页面模板保存在安装目录下的"Templates"文件夹中即可。

3. 更改页面模板

1）页面组成"页面模板，标题栏"块后，有多种方式可对页面模板进行再修改：

① 将全部页面选中，右击，在弹出的对话框中选择"拆解"，此时图中各元素处于可编辑状态。

② 使用"常规"→"单个元素"，可编辑页面中单个元素。

③ 在"页面属性"→"页面模板区域"中使用 按钮可重新框选绘图区域，调整行列坐标位置。

2）修改之后再次另存为页面模板。

3）按照上述方式，更改"工厂空调控制系统"项目原理图图纸页面模板，如图 8-35 所示，替换 Logo 图片。

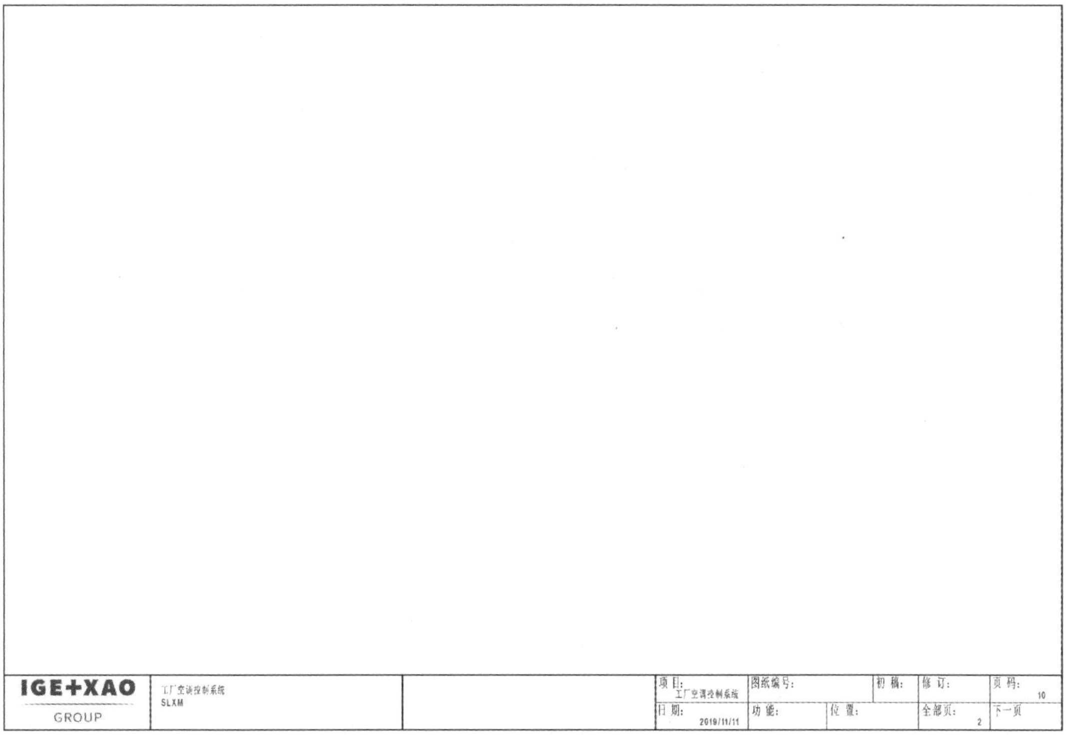

图 8-35　替换 Logo 图片

4. 使用页面模板

有以下两种方式可以选择页面模板：

1）在"电路图"节点右击"属性"，弹出的"电路图属性"对话框，如图 8-36 所示，在"常规"→"页面模板"区域选择页面模板。

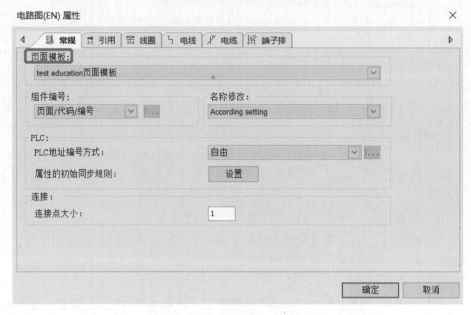

图 8-36　利用电路图属性选择页面模板

注意：此方式为电路图选择页面模板只适用于新建的电路图图纸，已绘制的电路图页面模板不会更新。

2）在"数据库列表"→"文档编辑器"中，右击相应页面，如图 8-37 所示，选择"改变页面模板"对页面模板进行设置。与方式1相比，此方式可对已绘制的电路图页面更新设置。

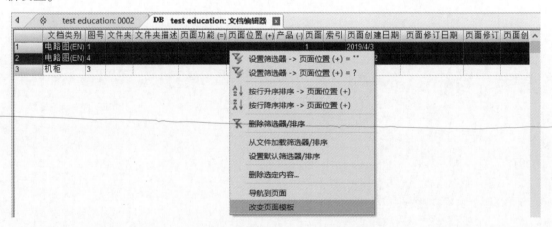

图 8-37　文档编辑器改变页面模板

按照上述方式，更新"工厂空调控制系统"项目原理图图纸页面模板，对所有原理图图纸使用新 Logo 页面模板，完成后如图 8-38 所示。

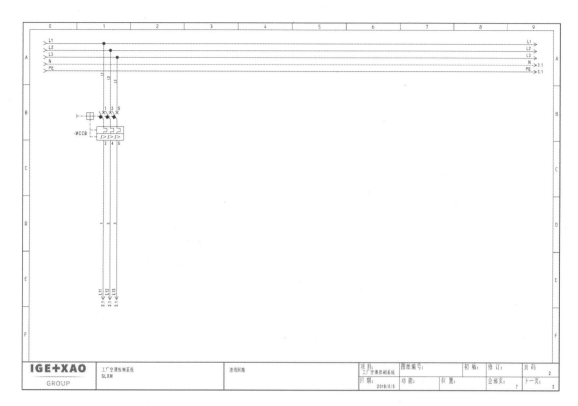

图 8-38　更新页面模板

任务五　项目模板的创建

在对整个项目属性（页面模板、图形列表模板等）设置完成后，将整个项目保存为统一的项目模板以便于标准化管理。

单击"文件"→"另存为"→"工作区模板"进行保存。创建新工作区时，保存的项目模板将存在于列表中，保存多个项目模板后，可根据项目需要选择合适的项目模板，如图 8-39 所示。新建的工作区将应用所有的标准页面，如需在不同的页面使用不同的标准图纸，可再更改页面模板。

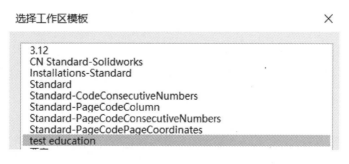

图 8-39　选择工作区模板

任务六　项目打印

1. 打印设置

单击"文件"→"打印"→"打印设置"命令，弹出"打印设置"窗口，如图 8-40 所示，在此窗口中可设置打印机、纸张、方向等参数。

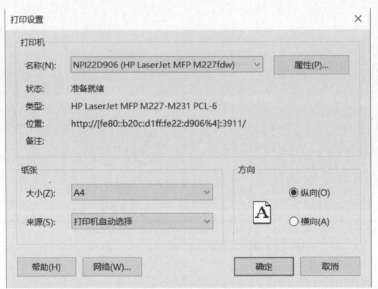

图 8-40　打印设置

2. 打印预览

单击"文件"→"打印"→"打印预览"命令，如图 8-41 所示，可预览当前图纸，可使用"打印预览"菜单下的"放大""缩小"命令对预览图纸进行放大或缩小，"关闭"按钮可退出预览模式。

图 8-41　打印预览

3. 定义打印范围

单击"文件"→"打印"→"定义打印范围"命令，如图 8-42 所示，单击 按钮，对打印范围进行框选，定义打印范围，可只打印当前页面的某一部分。

4. 打印

单击"文件"→"打印"→"打印"命令，弹出"打印图表"窗口，如图 8-43 所示，在此窗口中可设置打印机、比例/页边距、打印范围等，单击"确定"按钮，完成图纸打印工作。

图 8-42　定义打印范围

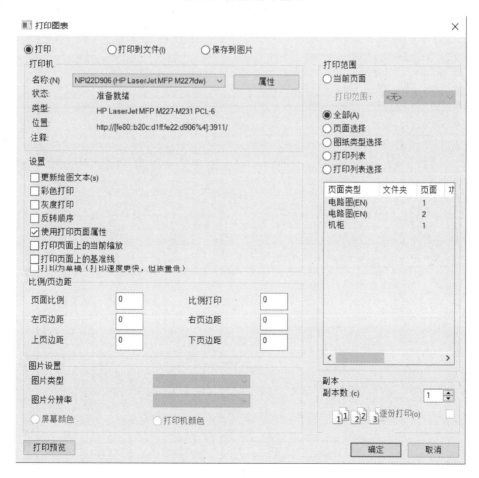

图 8-43　打印图表窗口

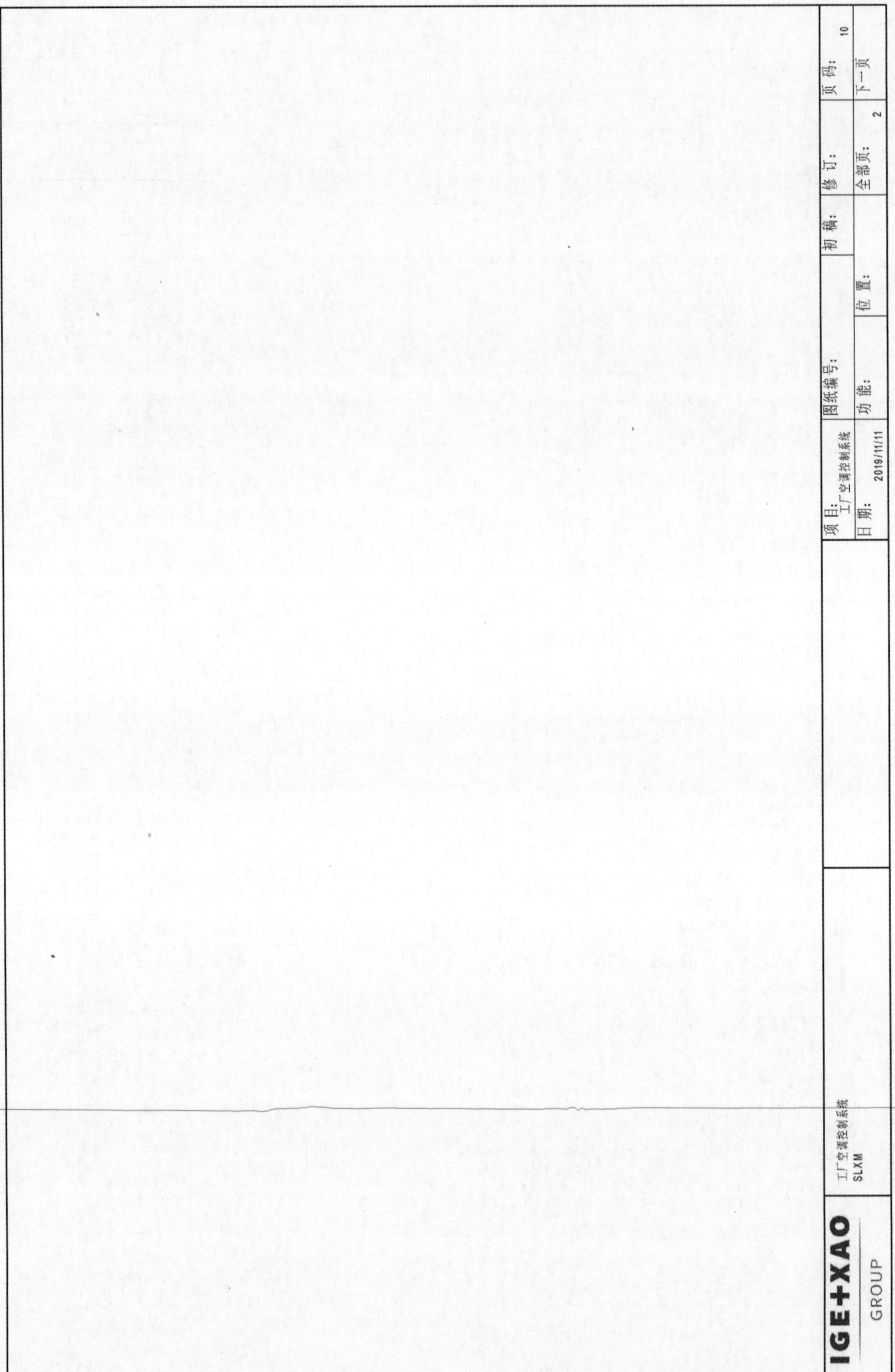

项目:工厂空调控制系统　图纸编号:　初稿:　修订:　页码: 10

功能:　位置:　全部页: 2

日期: 2019/11/11　下一页

IGE+XAO　GROUP

工厂空调控制系统
SLXM

图8-44　修改机柜图图框

小　结

在传统理论教学中，很少涉及报表、接线图等工艺方面的内容，也很少涉及项目管理方面的内容，而这些都是实际企业项目中会用到的内容，本项目对报表、接线图、项目管理方面的内容进行了补充，因此掌握此部分内容将对实际电气项目设计大有裨益。

实训　修改工厂空调控制系统项目机柜图页面模板

1. 实训内容

通过本次实训，完成工厂空调控制系统项目机柜图页面模板。

2. 实训目的

1）修改工厂空调控制系统项目页面模板。

2）掌握图纸比例属性与符号缩放属性的关系。

3. 实训步骤

1）在"工厂空调控制系统"项目中，打开机柜图图纸，选择"常规"→"插入"→"图片"命令在图框标题栏中插入 Logo 图片，完成后如图 8-44 所示。

2）在机柜图图纸中，右击"页面属性"，弹出"属性"对话框，如图 8-45 所示，将"符号缩放"设置为10，使其与"比例"值一致。

3）保存修改后页面模板，并应用于"工厂空调控制系统"项目机柜图图纸，完成后如图 8-46 所示。

图 8-45　修改符号缩放属性

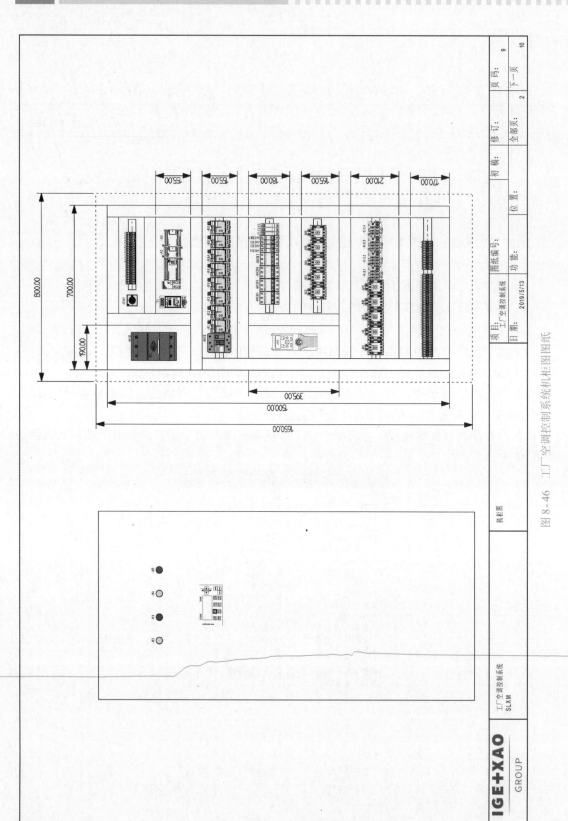

图 8-46　工厂空调控制系统机柜图图纸

项目九

项目应用拓展

前面项目中介绍了工厂空调控制系统项目的设计方法，为了更好地使用软件工具，本项目拓展介绍一些可能用到的高级命令及自定义软件界面。

学习重点

1）了解软件的高级命令。

2）设置默认类型数据库。

3）自定义界面。

任务一　高级命令的使用

1. 命令窗口

SEE Electrical "命令"窗口提供各种高级命令，如该窗口不可见，选择"首页"→"视图"→"命令"将其显示，不同图纸类型节点下显示不同命令，电路图图纸类型下显示的命令，如图 9-1 所示。各版本 SEE Electrical 中均存在命令，但是否可用取决于许可证的级别。

命令按字母排列顺序显示，在面板底部的"输入命令"字段中直接输入命令名称，按回车可进行搜索。

使用方法：双击命令执行，或右击，在弹出菜单中选择"执行命令"，如图 9-2 所示。

命令分组：右击"命令"窗口根节点，或右击具体命令，在如图 9-3 或图 9-2 所示弹出菜单中选择"新组"，可新建命令组，所需的命令可粘贴到该组。

2. 常用命令

（1）ETINFO

"ETINFO"命令用于检查工作区中所有组件的连接点是否连接，且可显示未分配给连接器或带有辅助触点组件的触点。执行该命令弹出的窗口如图 9-4 所示。

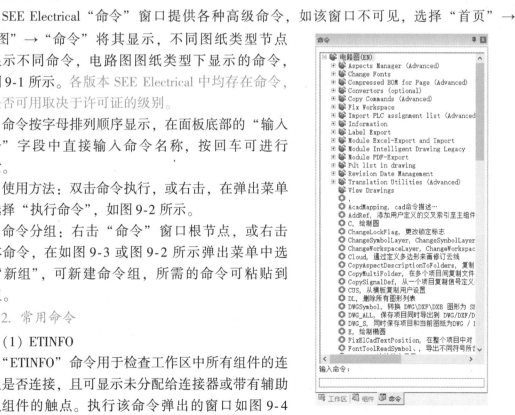

图 9-1　电路图图纸下显示的命令

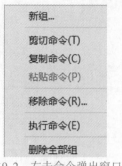

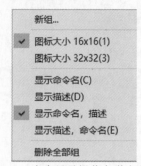

图9-2　右击命令弹出窗口　　　　　　图9-3　右击目录根节点弹出窗口

功能	位置	名称	连接	文件夹	Boo...	页面功能	页面	索引	路径

电气信息　　　　　　　　　　　　　　　　　　　　　　　　　×

显示未连接的连接点　　　　　　　　　　　导出

显示没有主符号的从符号　　　　　　　　　导航

显示没有从符号的主符号

显示不带目标的参考　　　　　　　　　　　关闭

图9-4　ETINFO 电气信息命令窗口

单击相应的按钮，如"显示未连接的连接点"，在电气信息窗口中会列出所有的错误，使用右侧"导航"按钮可导航到相关图纸，使用"导出"按钮可将错误以文件形式导出。

（2）DRWINFO

当发生元素被插入到当前绘图区域外的情况时，"DRWINFO"命令可删除图形边界外的元素，如图9-5所示，也可通过选择"标记电气对象"标记当前图纸中具有电气属性的元素。

（3）CopyP

"CopyP"命令可将页面和文件夹从一个工作区复制到另一个工作区中。

如图9-6所示窗口，在左侧源工作区中选择被复制页面工作区，在右侧目标工作区中选择被粘贴页面工作区，或者根据需要单击"创建新工作区"按钮，创建新工作区进行粘贴。

在左侧窗口中选择要进行复制的所有页面或文件夹（使用〈CTRL〉键和〈SHIFT〉键进行多项选择），目标工作区已存在页面，若页头有锁图标标记：　0001　，则不可删改。自定义是否新建文件夹、功能、位置及产品，输入起始页码，单击　»　按钮，所有选择元素将被复制到临时目标工作区。如果出错，可使用　«　按钮将其从临时工作区中移除。

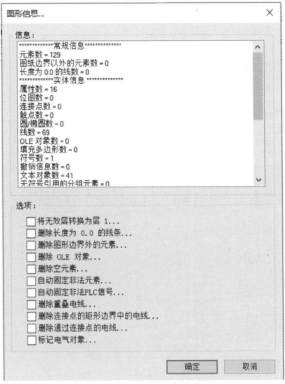

图 9-5 DRWINFO 命令窗口

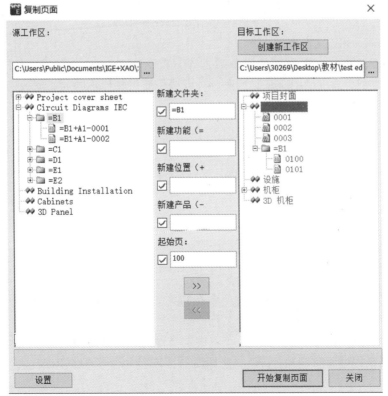

图 9-6 复制页面窗口

单击左下角"设置"按钮，弹出如图 9-7 所示"复制页面行为"窗口，如果选择"保留电线编号"选项，则将保留电线编号不变。

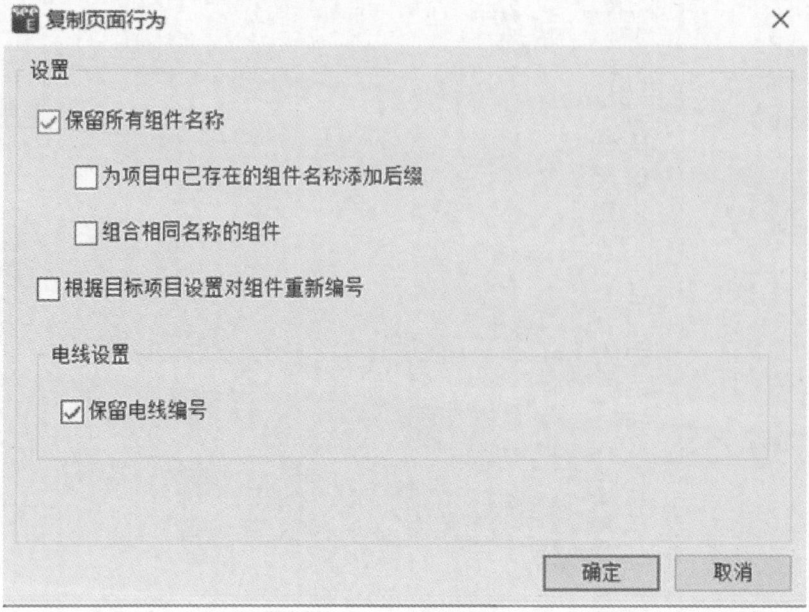

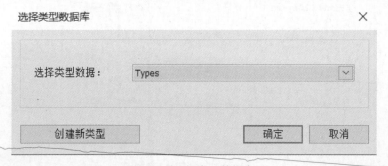

图 9-7　复制页面行为窗口

以上设置完成后，单击"开始复制页面"开始复制。

注意：使用 CopyP 命令时，要关闭源工作区和目标工作区。

（4）SetTypeDb 和 SetMultiTypeDb

SEE Electrical 中可使用不同的类型数据库，默认类型数据库为"TYPES. SES"，使用"SetTypeDb"命令，弹出如图 9-8 所示窗口，可选择使用其他不同的类型数据库。

图 9-8　选择类型数据库

单击"创建新类型"按钮，可创建一个新的类型数据库，如图 9-9 所示。

- "类型数据库名称"：新数据库的名称。
- "选择主类型数据库"：右侧下拉菜单中选择作为基础的类型数据库。
- "复制到新数据库时删除记录"：选择新数据库是一个空数据库或包含主类型数据库的数据库。

另外，使用"SetMultiTypeDb"命令，可将类型数据库分配给多个工作区或一个文件夹

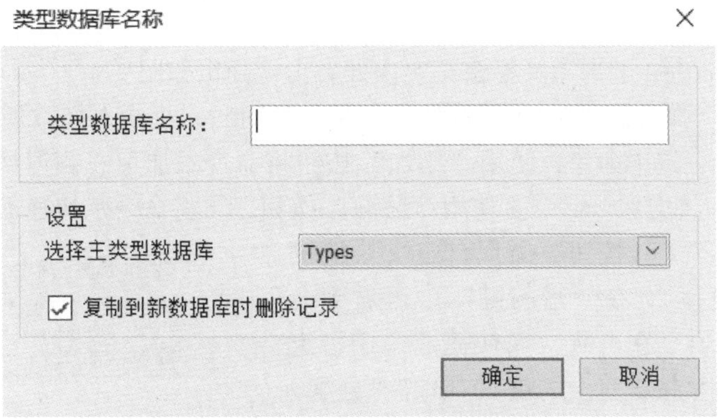

图 9-9　新建类型数据库

中的所有工作区。

　　单击"SetMultiTypeDb"命令，弹出"选择类型数据库"窗口，如图 9-10 所示。

图 9-10　选择类型数据库窗口

● 单击 🖾 图标，选择工作区，其均被分配相同的类型数据库。

● 单击 🖾 图标，选择文件夹，文件夹中所有工作区将被分配相同的类型数据库。

任务二　自定义界面

　　SEE Electrical 可自定义界面某些功能，如窗口外观类别和面板、快速访问工具栏中的命令等。

1. 自定义快速访问工具栏

1）在 SEE Electrical 上部工具栏窗口空白处右击，弹出如图9-11 所示对话框，单击"自定义快速工具栏"，弹出如图9-12 所示窗口，在"类别"一栏中选择类别，"命令"一栏中对应显示相应命令，选中命令，使用"添加"按钮将命令添加至右侧窗格中，即 SEE Electrical 的快速面板中将增加该命令。使用"移除"按钮，可将命令从快速面板中移除。

2）单击"自定义"按钮，出现自定义快捷键窗口，如图9-13 所示。在"当前键"中可看到命令当前对应的快捷键。在右侧"新快捷键"中可定义新的快捷键（直接按键盘上的键），单击"分配"按钮完成分配。如果快捷键已经在其他命令中被占用，"分配"按钮保持灰显。

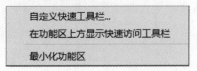

图 9-11　自定义快速访问
工具栏对话框

图 9-12　自定义快速访问工具栏窗口

2. 自定义类别

使用 SEE Electrical 安装路径下的"Customizer. exe"程序可自定义 SEE Electrical 类别及面板。

1）打开 Customizer. exe 程序，单击"下一步"进入定制器窗口，如图9-14 所示，为 SEE Electrical 窗口添加类别及面板，其对应如图9-15 所示 SEE Electrical 中的位置，并在相应面板下添加命令。

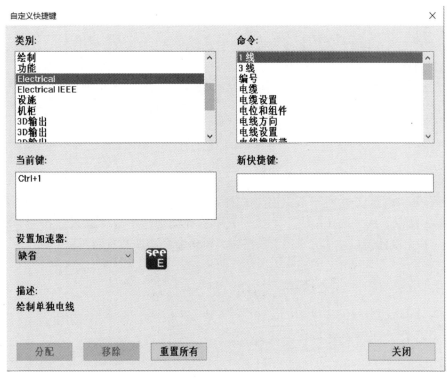

图 9-13　自定义快捷键窗口

图 9-14　定制器窗口

图 9-15　类别和面板窗口

2）在右侧"自定义类别"节点右击选择"添加类别"命令，如图 9-16 所示，选择"添加面板"命令。从"选择模块"下拉列表中选择类别，单击"载入"按钮，相应类别的命令显示在定制器窗口左侧，单击 ▓ 按钮，可将命令添加到右侧面板节点。

图 9-16　自定义添加类别和面板

小　结

本项目主要介绍了一些高级命令的使用方法及自定义界面的方法，这些高级命令在绘图过程中可能会使用到，而自定义界面可以建立更加符合个人习惯的操作环境，掌握此部分内容有助于使用电气设计软件的高级功能，更快捷地进行电气工程设计。

实训　自定义报表面板界面

1. 实训内容

通过本次实训，自定义报表面板界面。

2. 实训目的

1）掌握自定义界面的方法。

2）更加灵活地使用软件。

3. 实训步骤

1）打开 Customizer. exe 程序，单击"下一步"进入定制器窗口。

2）如图 9-17 所示，在右侧"自定义类别"节点添加类别及面板。其中类别名称为"报表"，面板名称为"报表处理"。从"选择模块"下拉列表中选择"常规"类别，单击"载入"按钮，在左侧"命令"菜单下选择"DL"命令添加至右侧面板节点下，右击左侧"DL"命令，设置名称为"删除所有报表"。

3）为"删除所有报表"命令添加前置图标。右击命令，在弹出对话框中选择"设置图像"，如图 9-18 所示，选择基本图像中 ▣ 图片作为图标。

4）设置完成后，单击"保存"按钮，重新启动 SEE Electrical 软件，如图 9-19 所示，检验标题栏中是否已添加删除所有报表命令。

图 9-17　自定义删除所有报表命令

图 9-18　选择删除报表命令图标

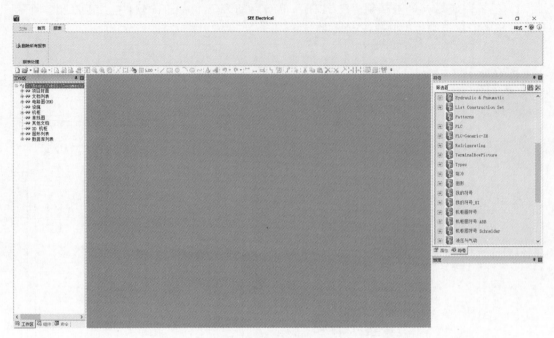

图 9-19　删除所有报表界面

项目十

工厂空调控制系统实例

任务一 工程简介

学校教学中，为方便学生掌握原理，一般只绘制原理图，然而在企业实际项目中，只有原理图远远无法满足企业项目实施，因为单凭原理图无法满足采购、安装、接线、调试等一系列要求，所以本书以企业项目为背景，分享企业电气设计项目经验，介绍电气图纸组成部分，并讲解各个部分的实际功能。

工厂空调控制系统项目是典型的通过 PLC 控制负载电动机运行停止、电加热运行停止类项目，其中电动机控制使用了断路器、接触器、热继电器、变频器等保护器件，以保证电动机安全、高效运行。工厂空调控制系统项目控制回路部分通过 PLC 程序控制电动机、电加热的运行停止，负载状态指示、故障指示、报警急停等功能。

在企业实际项目中，图纸基本由封面、图纸目录、原理图、清单图表、机柜布局图等部分组成，缺少任何一部分都不是完整的项目，会直接影响项目实施的进度和效率，甚至无法完成项目。以下分别介绍：

原理图分为主回路原理图、控制回路原理图、PLC 总览图及 PLC 原理图等部分。图纸应条理分明、信息完备、干净易读。

在传统的设计中清单图表大多为工程师手动统计绘制，容易出现错误，并花费工程师大量时间，而在 SEE Electrical 中，所有清单图表均为自动生成，保证准确率的同时，将工程师从大量的重复性工作中解脱出来，以便投入到更有意义的创新中去。工厂空调控制系统项目中包含的清单图表可实现物料采购、安装、接线、调试，保证项目顺利开展。

在传统图纸中，机柜布局图多为工程师手动绘制，由于需要与实际尺寸一致，需耗费大量时间查阅元器件尺寸资料，在 SEE Electrical 中，拥有元器件尺寸信息库，可直接进行尺寸调用，节约了大量时间，同时保证了项目的严谨性。

本书贯穿了工厂空调控制系统项目绘制的全部流程，此过程中需要的具体参数，可参照任务二工程图纸。

任务二 工程图纸

工程图纸如图 10-1 ~ 图 10-29 所示。

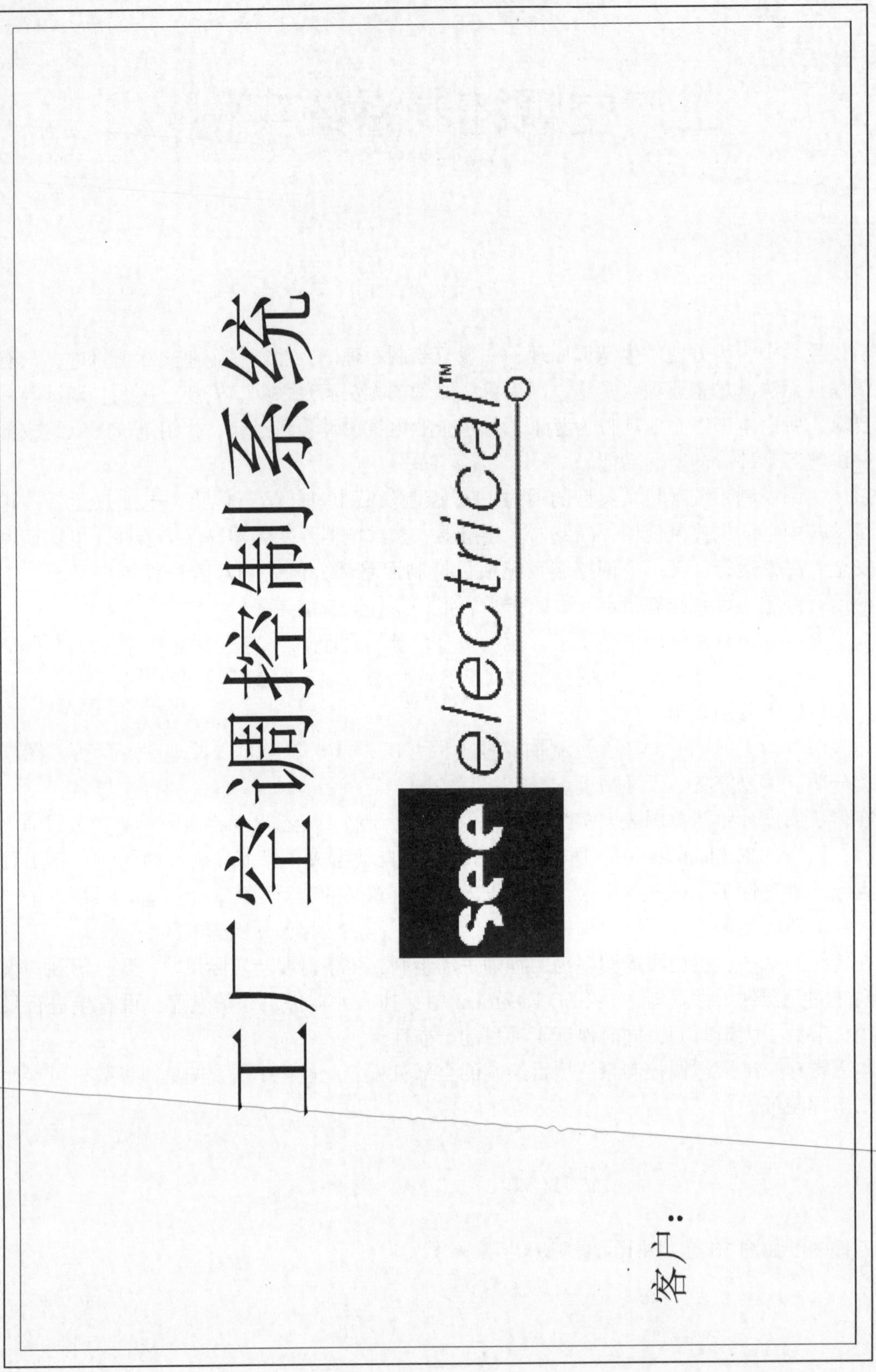

工厂空调控制系统

see electrical™

客户：

图 10-1

文 档 列 表

功能 (=)	位 置 (+)	页 码	文 档 类 型	说　明	修 订 日 期
		1	项目封面	工厂空调控制系统	
		1	文档列表	目录	2019/5/13
		2	电路图(EN)	进线回路	
		3	电路图(EN)	主控回路	
		4	电路图(EN)	电加热回路	
		5	电路图(EN)	控制回路	
		6	电路图(EN)	PLC总览图	
		7	电路图(EN)	PLC输入回路	
		8	电路图(EN)	PLC输出回路	
		9	机柜	机柜图	
		10	备件列表	备件列表	2019/5/11 18:09:46
		11	备件列表	备件列表	2019/5/11 18:09:46
		12	备件列表	备件列表	2019/5/11 18:09:46
		13	端子矩阵	-EX1	2019/5/11 18:12:19
		14	端子矩阵	-EX1	2019/5/11 18:12:19
		15	端子矩阵	-EX2	2019/5/11 18:12:19
		16	端子矩阵	-EX3	2019/5/11 18:12:19
		17	端子矩阵	-EX3	2019/5/11 18:12:19
		18	电缆端子排平面图	电缆端子排平面图	2019/5/11 18:12:35
		19	电缆端子排平面图	电缆端子排平面图	2019/5/11 18:12:35
		20	产品接线图	产品接线图	2019/5/9 16:49:52
		21	产品接线图	产品接线图	2019/5/9 16:49:52
		22	产品接线图	产品接线图	2019/5/9 16:49:52
		23	产品接线图	产品接线图	2019/5/9 16:49:52
		24	产品接线图	产品接线图	2019/5/9 16:49:52
		25	产品接线图	产品接线图	2019/5/9 16:49:52
		26	产品接线图	产品接线图	2019/5/9 16:49:52
		27	产品接线图	产品接线图	2019/5/9 16:49:52

图 10-2

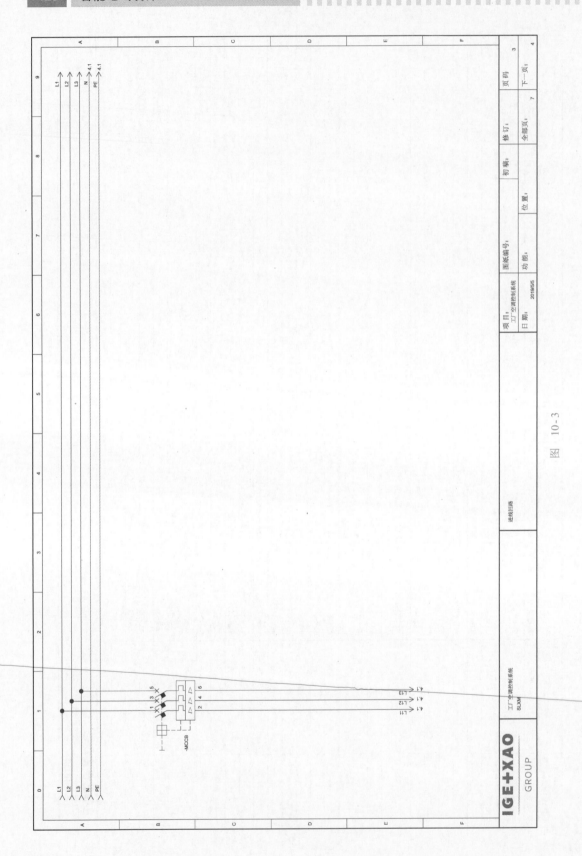

图 10-3

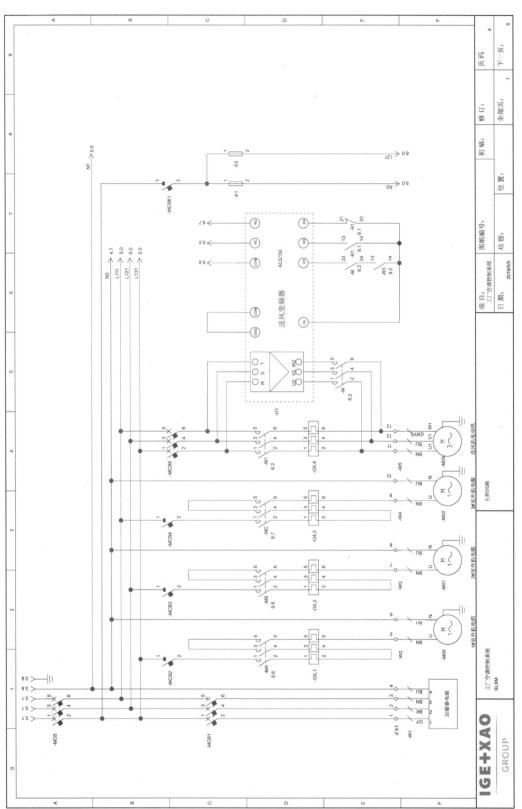

图 10-4

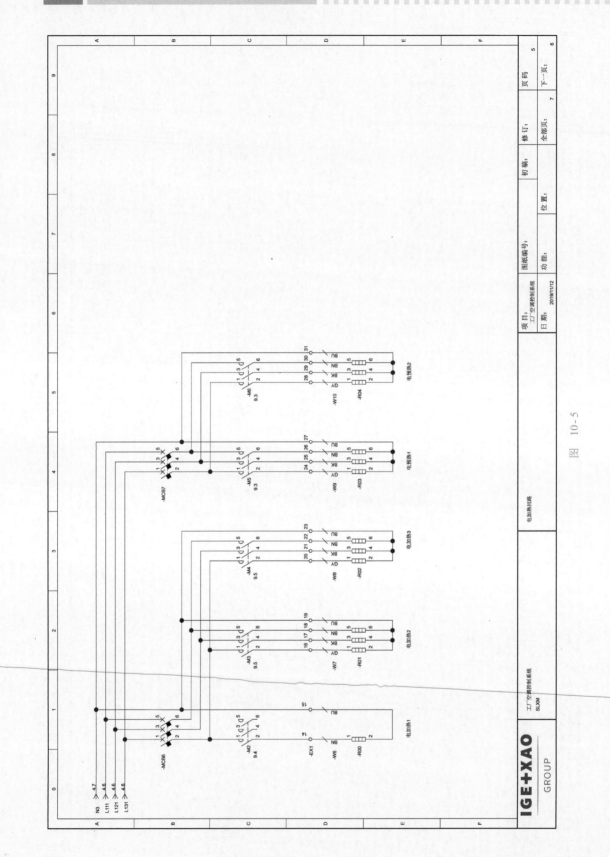

图 10-5

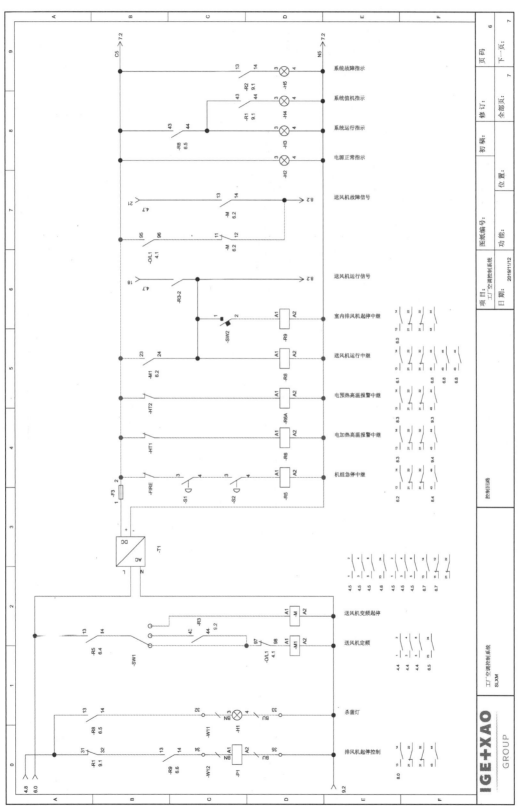

图 10-6

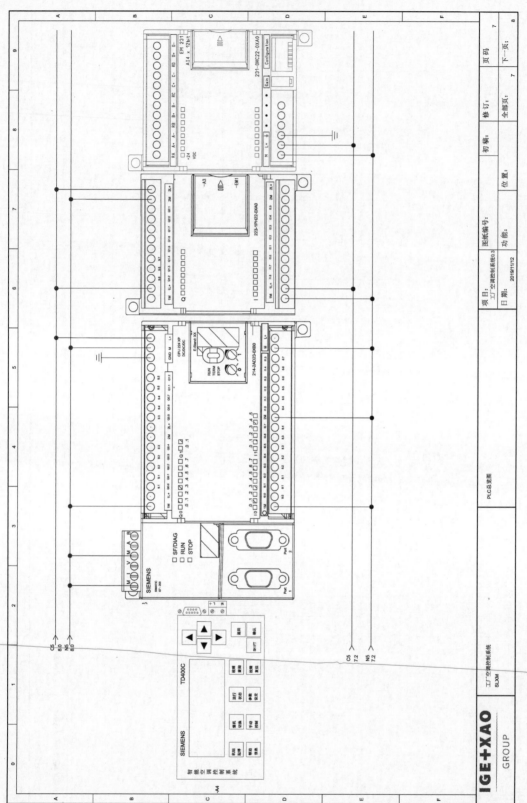

图 10-7

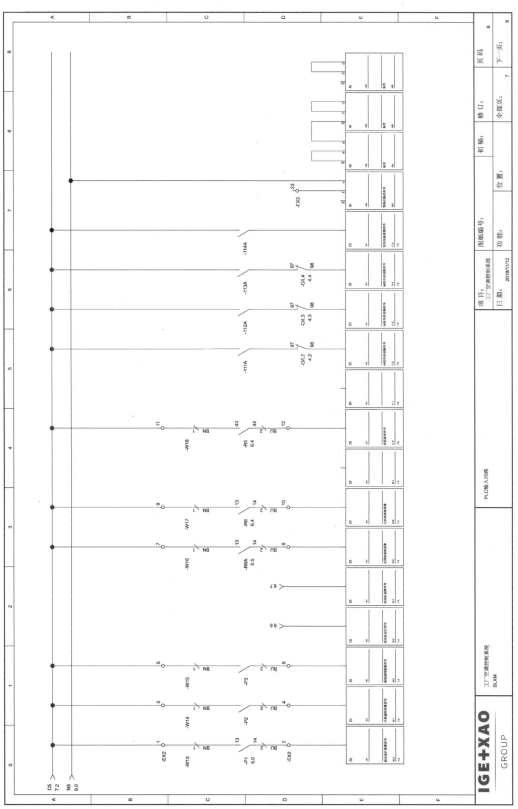

图 10-8

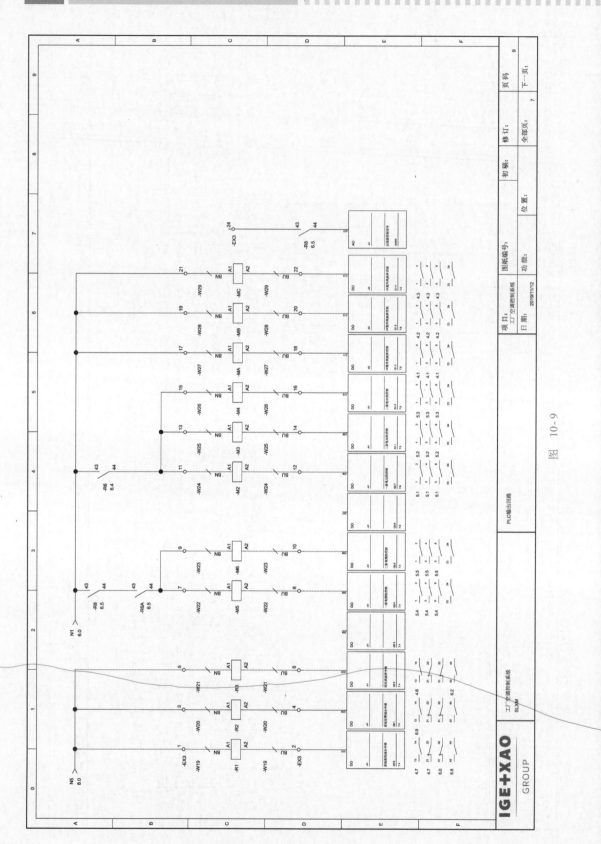

图 10-9

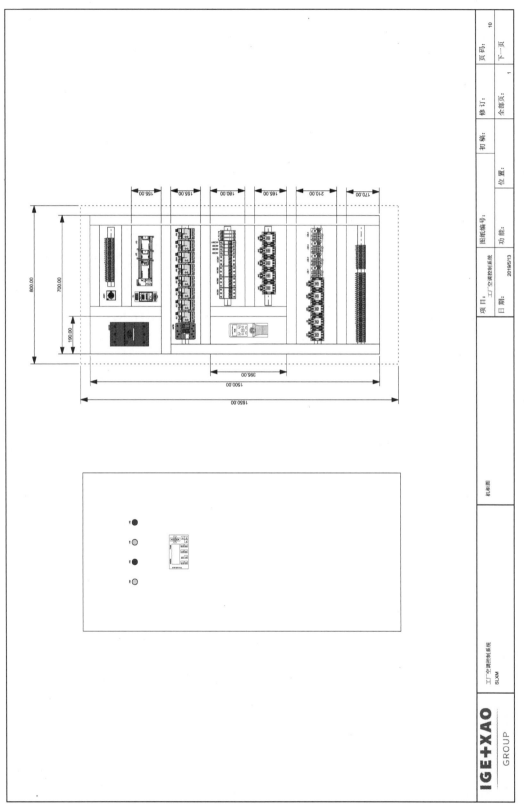

图 10-10

备件列表

功能 (=)	位置 (+)	名称 (-)	数量	类型	供应商	说 明	EAN 13	制造商
		-A1	1	6ES7 214-2BD23-0XB8	SIEMENS	中央处理器S7-200 CPU 224XP		西门子
		-A2	1	CTS7 223-1HF32	SIEMENS	数字混合模块 EM223		
		-A3	1	CTS7 231-OHC32	SIEMENS	模拟扩展模块 EM231		
		-A4	1	TD400C	SIEMENS	控制屏		
		-EX1	35	M 10/10	ABB	feed through		ABB
		-EX2	12	M 10/10	ABB	feed through		ABB
		-EX3	22	M 10/10	ABB	feed through		ABB
		-F1	1	RT28-32/2A	正泰	2A		
		-F1	1	RT28N-32/1P	正泰	1极底座		
		-F2	1	RT28-32/2A	正泰	2A		
		-F2	1	RT28N-32/1P	正泰	1极底座		
		-F3	1	RT28N-32/1P	正泰	1极底座		
		-F3	1	RT28-32/2A	正泰	2A		
		-H1	1	C L-502Y	ABB	黄色_24V AC/DC		
		-H2	1	C L-502Y	ABB	黄色_24V AC/DC		
		-H3	1	C L-502G	ABB	绿色_24V AC/DC		
		-H4	1	C L-502Y	ABB	黄色_24V AC/DC		
		-H5	1	C L-502R	ABB	红色_24V AC/DC		
		-M	1	S-T21BC 220V	MITSUBISHI	交流接触器		
		-M	1	3TB4012	demo	Coil 1NO+2NC		
		-M00	1	193-BC1	ROCKWELL	ADJUSTMENT COVER FOR MOTOR PROTECTION RELAY 193-T		
		-M01	1	193-BC1	ROCKWELL	ADJUSTMENT COVER FOR MOTOR PROTECTION RELAY 193-T		
		-M1	1	S-T21BC 220V	MITSUBISHI	交流接触器		
		-M02	1	193-BC1	ROCKWELL	ADJUSTMENT COVER FOR MOTOR PROTECTION RELAY 193-T		
		-M2	1	S-T21BC 220V	MITSUBISHI	交流接触器		
		-M03	1	193-BC3	ROCKWELL	CURRENT SETTING PROTECTION COVER FOR MOTOR PROTECT		
		-M3	1	S-T21BC 220V	MITSUBISHI	交流接触器		
		-M4	1	S-T21BC 220V	MITSUBISHI	交流接触器		
		-M5	1	S-T21BC 220V	MITSUBISHI	交流接触器		
		-M6	1	S-T21BC 220V	MITSUBISHI	交流接触器		

IGE+XAO GROUP	工厂空调控制系统 SLXM				备件列表		项目: 工厂空调控制系统	图纸编号:	修订:	初稿:
							日期: 2019/5/13			页码: 11

图 10-11

备件列表

功能(=)	位置(+)	名称(-)	数量	类型	供应商	说明	EAN 13	制造商
		-MA	1	S-T21BC 220V	MITSUBISHI	交流接触器		
		-MB	1	S-T21BC 220V	MITSUBISHI	交流接触器		
		-MC	1	S-T21BC 220V	MITSUBISHI	交流接触器		
		-MCB	1	NG125NA-3P-80A-D	Schneider	3P MCB, D characteristic		MERLIN GERIN
		-MCB1	1	C65H-C32A/3P	Schneider	In=32A,额定电压400V,分断能力10kA		
		-MCB2	1	C65H-C32A/1P	Schneider	In=32A,额定电压230V,分断能力10kA		
		-MCB3	1	C65H-C32A/1P	Schneider	In=32A,额定电压230V,分断能力10kA		
		-MCB4	1	C65H-C32A/1P	Schneider	In=32A,额定电压230V,分断能力10kA		
		-MCB5	1	C65H-C16A/3P	Schneider	In=16A,额定电压400V,分断能力10kA		
		-MCB6	1	C65H-D20A/3P	Schneider	In=20A,额定电压400V		
		-MCB7	1	C65H-C20A/3P	Schneider	In=20A,额定电压400V,分断能力10kA		
		-MCBK1	1	C65H-D10A/1P	Schneider	In=10A,额定电压230V		
		-MCCB	1	MS4B5-100	ABB	Motor circ. Breaker MS450		ABB
		-OIL1	1	TH-N20KP	MITSUBISHI	热继电器		
		-OIL2	1	TH-N20KP	MITSUBISHI	热继电器		
		-OIL3	1	TH-N20KP	MITSUBISHI	热继电器		
		-OIL4	1	TH-N20KP	MITSUBISHI	热继电器		
		-P1	1	3TH2022DAM0	SIEMENS	MINI AUXILIARY CONTACTOR 2NONC 220V 50Hz		
		-R1	1	3TH2022DAM0	SIEMENS	MINI AUXILIARY CONTACTOR 2NONC 220V 50Hz		
		-R2	1	3TH2022DAM0	SIEMENS	MINI AUXILIARY CONTACTOR 2NONC 220V 50Hz		
		-R3	1	3TH2022DAM0	SIEMENS	MINI AUXILIARY CONTACTOR 2NONC 220V 50Hz		
		-R5	1	3TH2022DAM0	SIEMENS	MINI AUXILIARY CONTACTOR 2NONC 220V 50Hz		
		-R6	1	3TH2022DAM0	SIEMENS	MINI AUXILIARY CONTACTOR 2NONC 220V 50Hz		
		-R6A	1	3TH2022DAM0	SIEMENS	ADD-ON 1NO		
		-R8	2	3RH1911-1AA10	SIEMENS	MINI AUXILIARY CONTACTOR 2NONC 220V 50Hz		
		-R8	1	3TH2022DAM0	SIEMENS	MINI AUXILIARY CONTACTOR 2NONC 220V 50Hz		
		-R9	1	3TH2022DAM0	SIEMENS	MINI AUXILIARY CONTACTOR 2NONC 220V 50Hz		
		-S1	1	X6B3S142C	Schneider	急停按钮,钥匙复位,红色,蘑菇头,直径40mm,1NC		
		-S2	1	X6B3S142C	Schneider	急停按钮,钥匙复位,红色,蘑菇头,直径40mm,1NC		
		-SW1	1	ONV3PB	ABB	3P - Change-over Switch		ABB

IGE+XAO GROUP — 工厂空调控制系统 SLXM — 备件列表 — 项目: 工厂空调控制系统 — 日期: 2019/5/13 — 图纸编号: — 初稿: — 修订: — 页码: 12

图 10-12

备件列表

功能 (=)	位置 (+)	名称 (-)	数量	类型	供应商	说明	EAN 13	制造商
		-T1	1	SBVS-1202AA	OMRON	开关电源		
		-U1	1	ACS150	ABB	变频器		
		-U28	1	ACS150	ABB	变频器		
		-W1	0	5G1.5	CABLES	MULTICONDUCTOR CABLE GENERIQUE		
		-W2	0	3G1.5	CABLES	MULTICONDUCTOR CABLE GENERIQUE		
		-W3	0	3G1.5	CABLES	MULTICONDUCTOR CABLE GENERIQUE		
		-W4	0	3G1.5	CABLES	MULTICONDUCTOR CABLE GENERIQUE		
		-W5	0	3G1.5	CABLES	MULTICONDUCTOR CABLE GENERIQUE		
		-W6	0	3G1.5	CABLES	MULTICONDUCTOR CABLE GENERIQUE		
		-W7	0	5G1.5	CABLES	MULTICONDUCTOR CABLE GENERIQUE		
		-W8	0	5G1.5	CABLES	MULTICONDUCTOR CABLE GENERIQUE		
		-W9	0	5G1.5	CABLES	MULTICONDUCTOR CABLE GENERIQUE		
		-W10	0	5G1.5	CABLES	MULTICONDUCTOR CABLE GENERIQUE		
		-W11	0	3G1.5	CABLES	MULTICONDUCTOR CABLE GENERIQUE		
		-W12	0	3G1.5	CABLES	MULTICONDUCTOR CABLE GENERIQUE		
		-W13	0	3G1.5	CABLES	MULTICONDUCTOR CABLE GENERIQUE		
		-W14	0	3G1.5	CABLES	MULTICONDUCTOR CABLE GENERIQUE		
		-W15	0	3G1.5	CABLES	MULTICONDUCTOR CABLE GENERIQUE		
		-W16	0	3G1.5	CABLES	MULTICONDUCTOR CABLE GENERIQUE		
		-W17	0	3G1.5	CABLES	MULTICONDUCTOR CABLE GENERIQUE		
		-W18	0	3G1.5	CABLES	MULTICONDUCTOR CABLE GENERIQUE		
		-W19	0	3G1.5	CABLES	MULTICONDUCTOR CABLE GENERIQUE		
		-W20	0	3G1.5	CABLES	MULTICONDUCTOR CABLE GENERIQUE		
		-W21	0	3G1.5	CABLES	MULTICONDUCTOR CABLE GENERIQUE		
		-W22	0	3G1.5	CABLES	MULTICONDUCTOR CABLE GENERIQUE		
		-W23	0	3G1.5	CABLES	MULTICONDUCTOR CABLE GENERIQUE		
		-W24	0	3G1.5	CABLES	MULTICONDUCTOR CABLE GENERIQUE		
		-W25	0	3G1.5	CABLES	MULTICONDUCTOR CABLE GENERIQUE		
		-W26	0	3G1.5	CABLES	MULTICONDUCTOR CABLE GENERIQUE		
		-W27	0	3G1.5	CABLES	MULTICONDUCTOR CABLE GENERIQUE		

IGE+XAO GROUP

工厂空调控制系统 SLXM

备件列表

项目：工厂空调控制系统　　图纸编号：
日期：2019/5/13

修订：　　初稿：
页码：13

图 10-13

备件列表

功能 (=)	位置 (+)	名称 (-)	数量	类型	供应商	说　明	EAN 13	制造商
		-W28	0	3G1.5	CABLES	MULTICONDUCTOR CABLE GENERIQUE		
		-W29	0	3G1.5	CABLES	MULTICONDUCTOR CABLE GENERIQUE		

IGE+XAO
GROUP

工厂空调控制系统 SLXM		备件列表	项目：工厂空调控制系统	修订：	初稿：
			日期：2019/5/13	图纸编号：	页码：14

图 10-14

端子排图

端子排 -EX1

连接2	端子编号	连接1	路径页码
-MCB1:2	1	-G1:1	3　1
-G1:2	2	-MCB1:4	1　1
-G1:3	3	-MCB1:6	1　1
-G1:4	4	-R5:13	1　1
-M00:U	5	-O.L1:6	2　3
-M01:U	6	-M00:N	2　3
-O.L2:6	7	-M01:W	3　3
-M02:U	8	-M01:W	3　3
-M02:N	9	-O.L3:6	3　3
-M02:N	10	-F1:2	3　3
-M03:U1	11	-M:2	3　4
-M03:V1	12	-M:4	3　4
-M03:W1	13	-M:6	3　4
-R00:1	14	-M2:2	1　4
-R00:2	15		1　4
-R01:1	16	-M3:2	2　4
-R01:3	17	-M3:4	2　4
-R01:5	18	-M3:6	2　4
-R01:6	19		2　4
-R02:1	20	-M4:2	4　4
-R02:3	21	-M4:4	3　4
-R02:5	22	-M4:6	3　4
-R02:6	23		3　4
-R03:1	24	-M5:2	4　4
-R03:3	25	-M5:4	4　4
-R03:5	26	-M5:6	4　4
-R03:6	27		4　4

电缆

电缆名称	电缆类型	颜色
-W1	5G1.5	GY BK BN BU
-W2	3G1.5	BN BU
-W3	3G1.5	BN BU
-W4	3G1.5	BN BU
-W5	5G1.5	BN BU
-W6	3G1.5	BN GN/YE
-W7	5G1.5	GY BK BN BU
-W8	5G1.5	GY BK BN BU
-W9	5G1.5	GY BK BN BU

-EX1
端子矩阵

IGE+XAO GROUP	项目：工厂空调控制系统 SLXM	电缆
修订：	图纸编号：	初稿：
项目：工厂空调控制系统	功能：	位置：
日期：2019/5/13	页码：15	

图 10-15

端子排：

-EX1

其棒1	端子	其棒2
-R04:1	28	-M6:2
-R04:3	29	-M6:4
-R04:5	30	-M6:6
-R04:6	31	
-R8:14	32	-H1:3
-H1:4	33	-M1:A2
-P1:A1	34	-R9:14
-P1:A2	35	-R8:43

电缆

电缆

	电缆类型	电缆名称	注释
-W10	5G1.5		
-W11	3G1.5		
-W12	3G1.5		

	电缆类型	电缆名称	注释

端子排序

IGE+XAO
GROUP

项目：工厂空调控制系统	图纸编号：	修订：	封编：
功能：	位置：		
日期：2019/5/13			页码：16

-EX1
端子排序

图 10-16

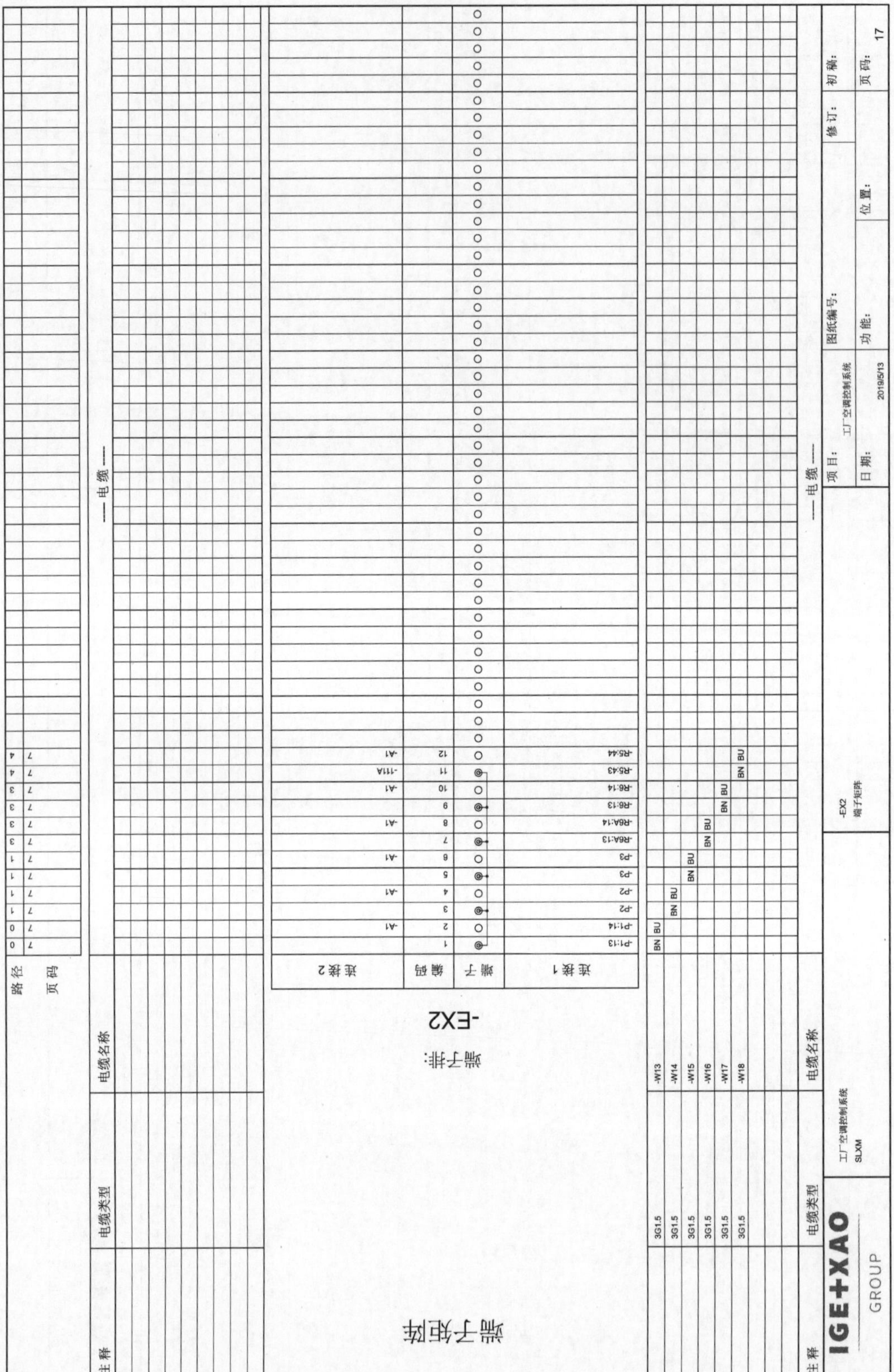
端子矩阵
端子排
-EX2
注释
电缆类型
电缆名称
路径
页码
电缆
连接2
编码
端子
连接1
-P1:13
-P1:14
-P2
-P2
-P3
-P3
-R6A:13
-R6A:14
-R6:13
-R6:14
-R5:43
-R5:44
-A1
-111A
3G1.5
-W13
-W14
-W15
-W16
-W17
-W18
BN BU
IGE+XAO
GROUP
工厂空调控制系统
SLXM
-EX2
端子矩阵
项目：
图纸编号：
日期：
2019/5/13
功能：
位置：
修订：
初稿：
页码：
17

图 10-17

端子排

—— 电缆 ——

-EX3

端子排:

接线2	端子	编号	接线1
-A1:M		1	-R1:A1
-A1:DO1		2	-R1:A2
		3	-R2:A1
-A1:DO2		4	-R2:A2
		5	-R3:A1
-A1:DO3		6	-R3:A2
-R8A:44		7	-MS:A1
-A1:DO5		8	-MS:A2
		9	-M6:A1
-A1:DO6		10	-M6:A2
-R8:44		11	-M2:A1
-A1:DO8		12	-M2:A2
		13	-M3:A1
-A1:DO9		14	-M3:A2
		15	-M4:A1
-A1:DO10		16	-M4:A2
-R8:43		17	-MA:A1
-A2:D11		18	-MA:A2

页码 8

注释 | 电缆类型 | 电缆名称 | 路径 页码

	电缆类型	电缆名称
-W19	3G1.5	
-W20	3G1.5	
-W21	3G1.5	
-W22	3G1.5	
-W23	3G1.5	
-W24	3G1.5	
-W25	3G1.5	
-W26	3G1.5	
-W27	3G1.5	

注释

—— 电缆 ——

工厂空调控制系统
SLXM

IGE+XAO GROUP

项目: 工厂空调控制系统	图纸编号:	初稿:
功能:	位置:	
日期: 2019/5/13	修订:	页码: 18

-EX3 端子电序

图 10-18

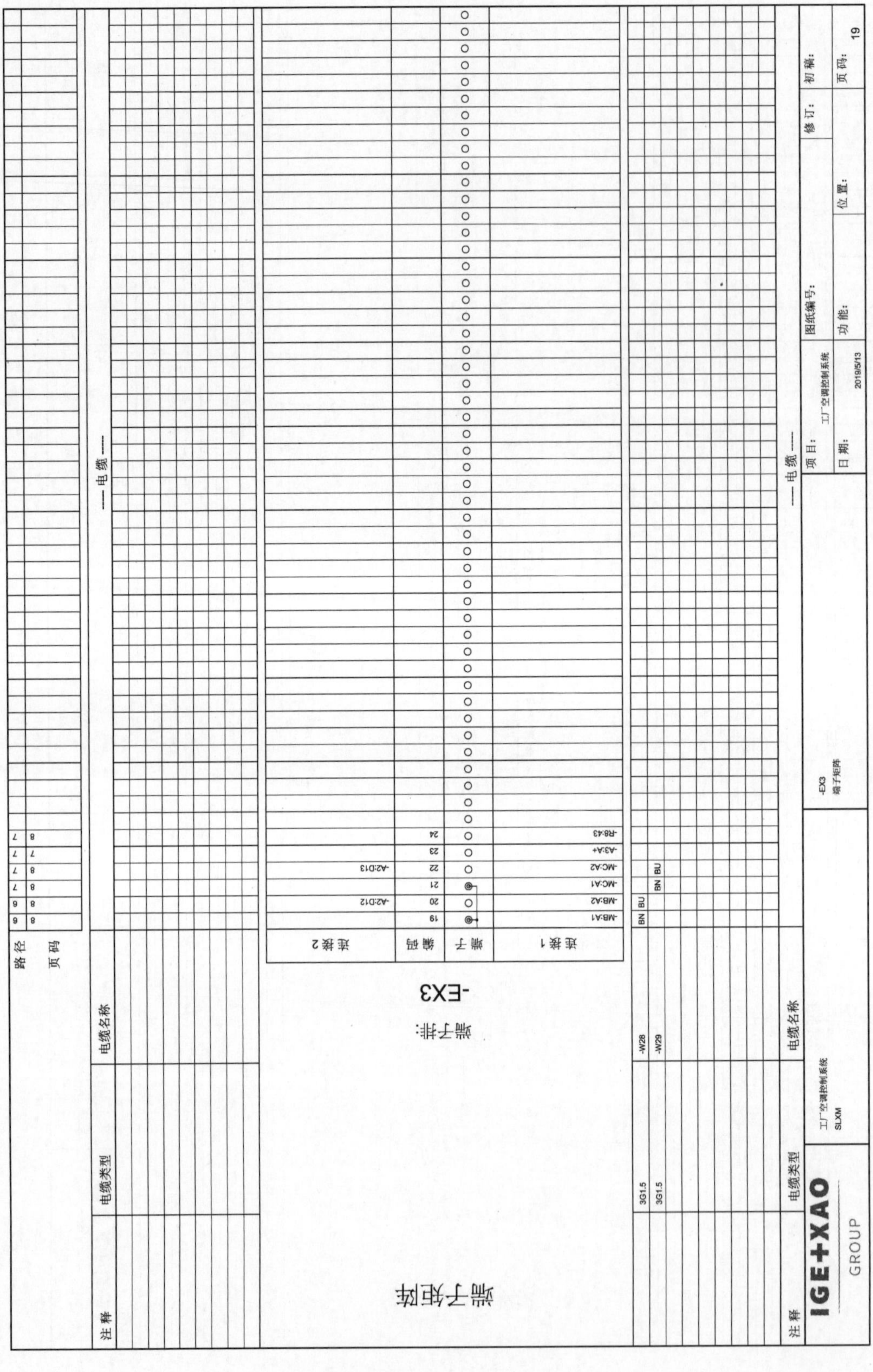

—— 电缆 ——

—— 电缆 ——

路径	页码	电缆类型	电缆名称		连接2		端子号		连接1
8	7				-R8.43		24	○	
7	7				-A3:A+		23	○	
8	7				-A2:D13	22	-MC:A2	○	BU
8	7					21	-MC:A1	⊙	BN BN
8	6				-A2:D12	20	-MB:A2	⊙	BU BU
8	6					19	-MB:A1	○	

端子号

连接2

连接1

端子排: -EX3

注释	电缆类型	电缆名称		
	3G1.5	-W28	BU	
	3G1.5	-W29	BU	

工厂空调控制系统
SLXM

-EX3
端子排序

IGE+XAO
GROUP

图纸编号：		
修订：	初稿：	
位置：	页码：	19
项目：工厂空调控制系统	功能：	
日期：	2019/5/13	

端子排序

图 10-19

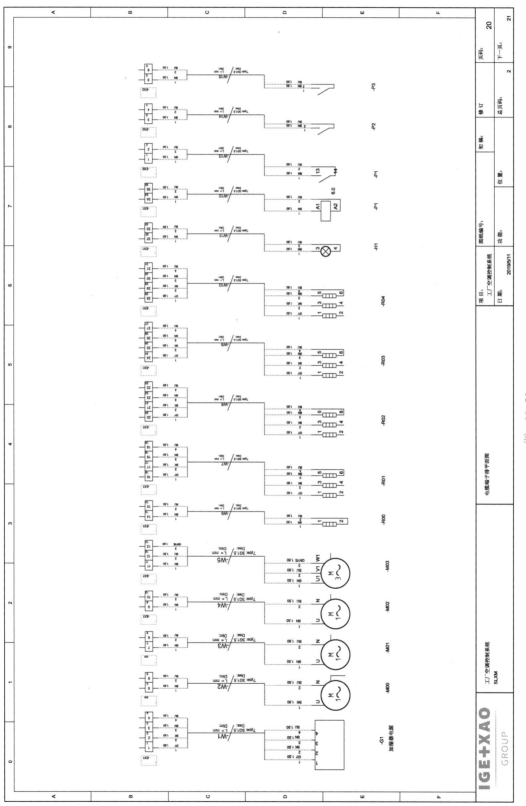

图 10-20

20
21
页码：
下一页：
2
修订
总页码：
初编：
图纸编号：
功能：
位置：
项目：工厂空调控制系统
日期：2019/5/11
电缆端子排平面图
工厂空调控制系统
SLXM
IGE+XAO
GROUP

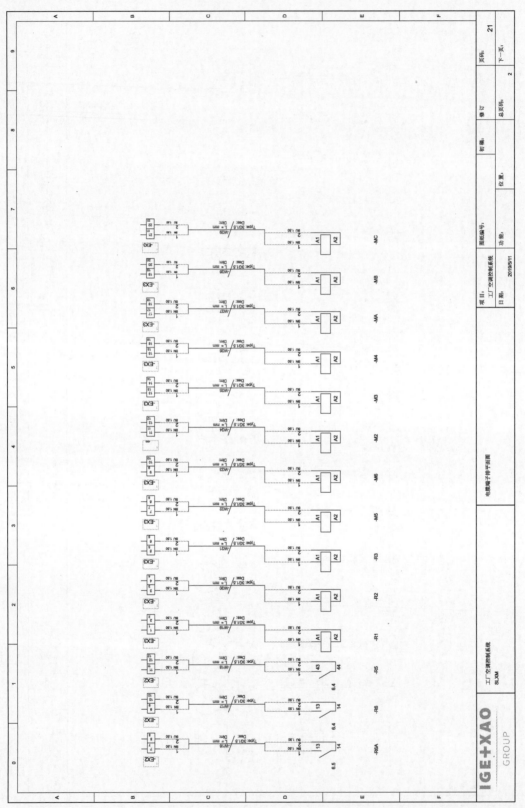

图 10-21

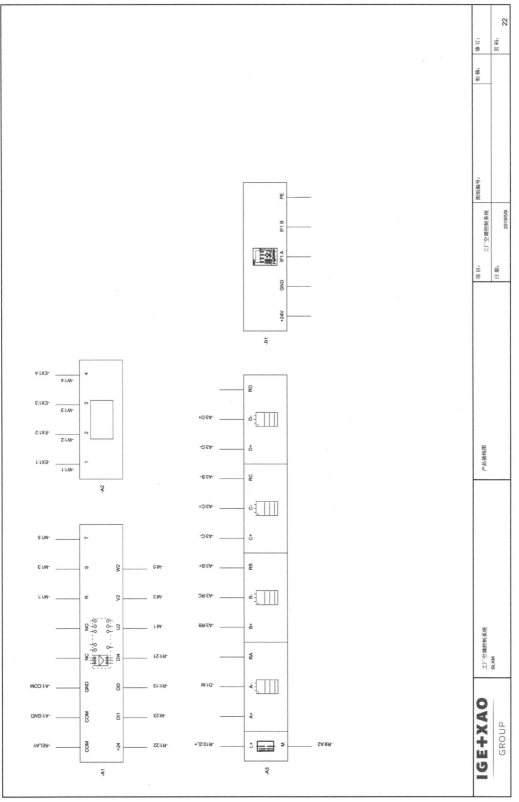

图 10-22

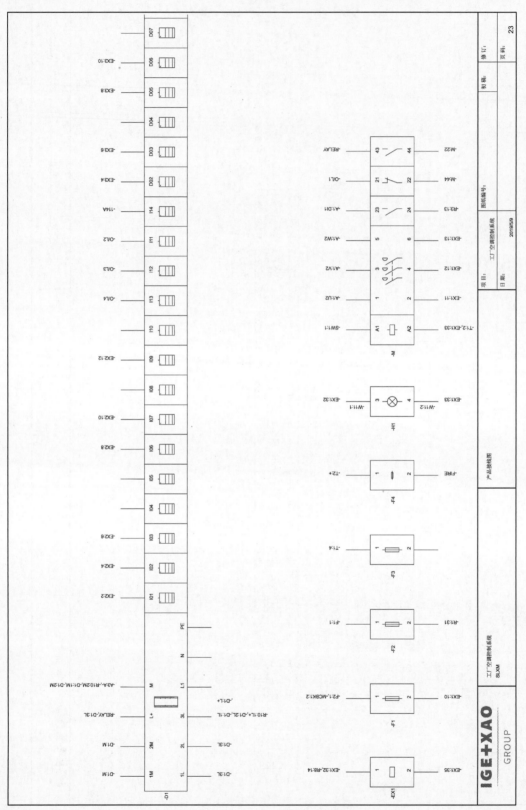

图 10-23

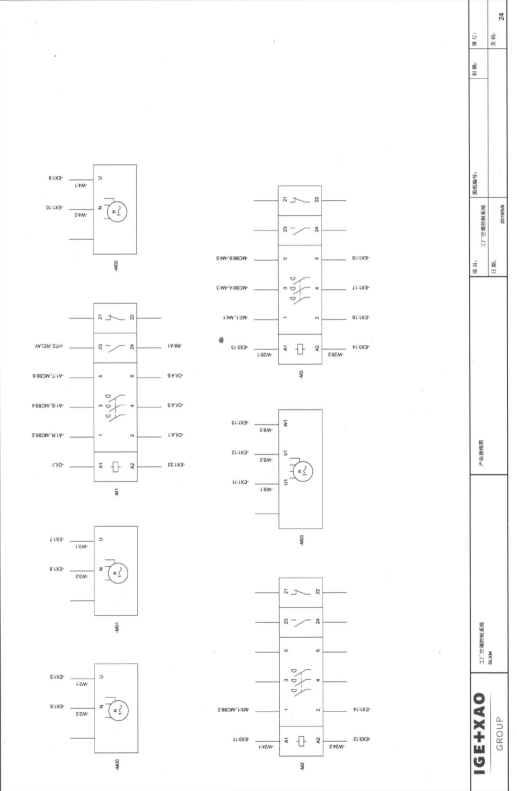

图 10-24

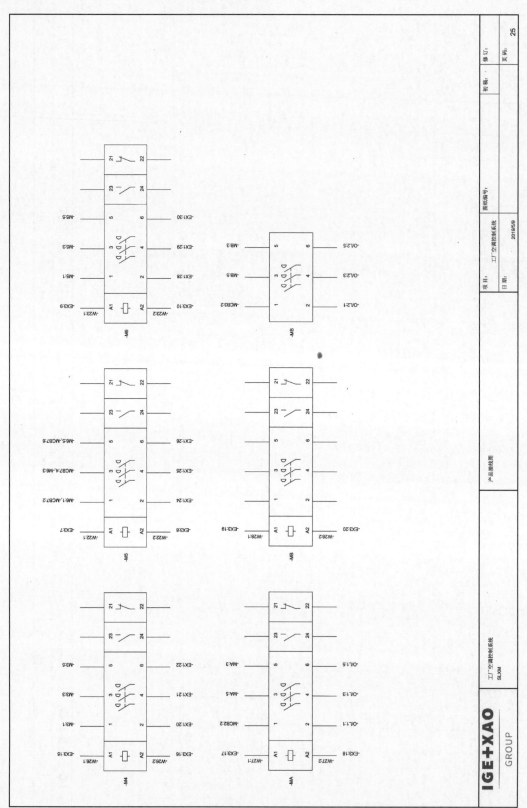

图 10-25

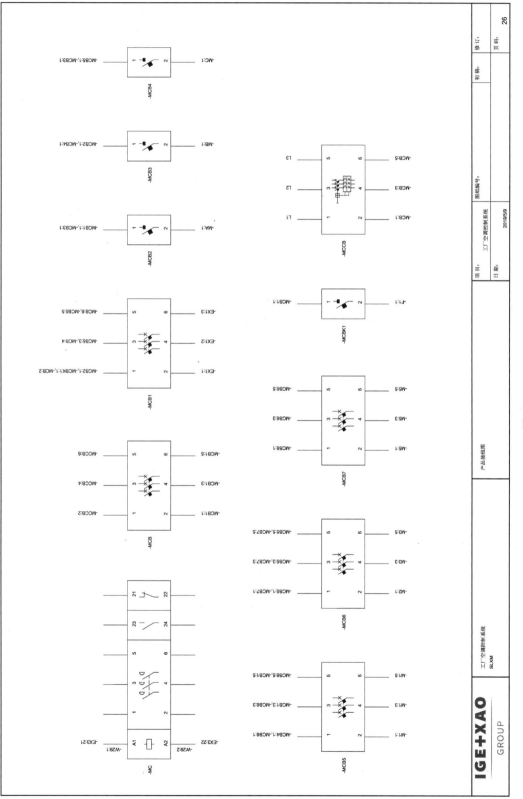

图 10-26

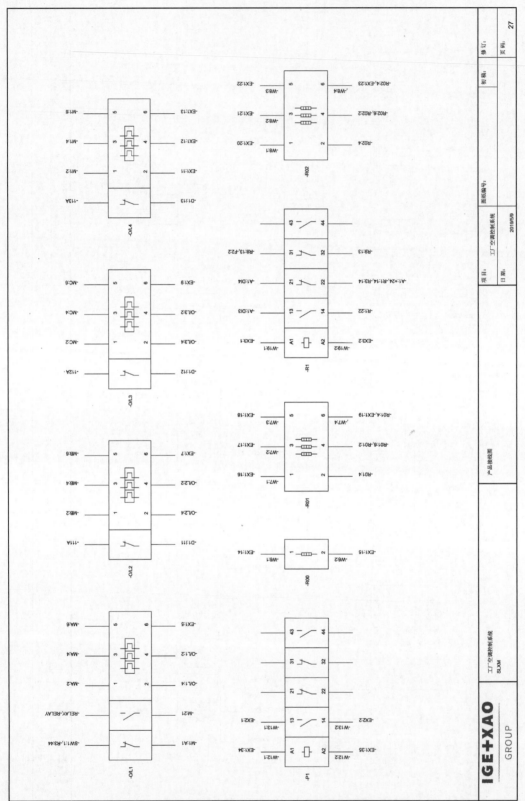

图 10-27

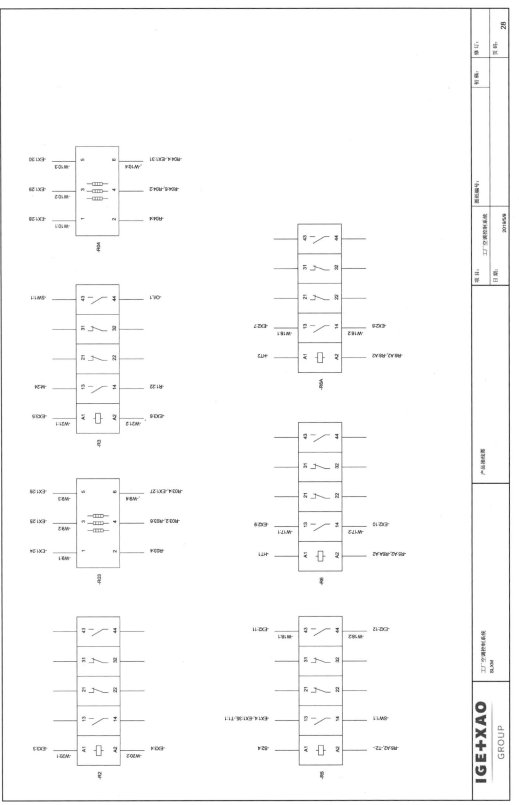

图 10-28

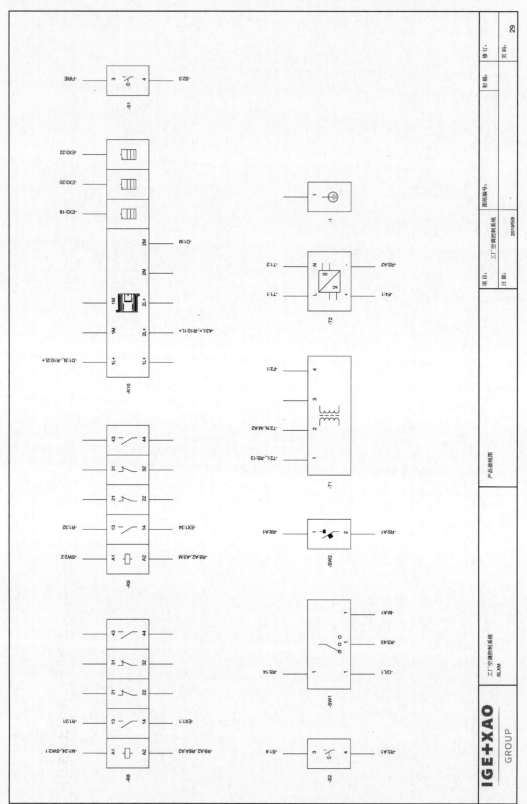

图 10-29

附　录

SEE Electrical软件快捷键一览表

快捷键	命令	图标	快捷键	命令	图标
工作区和页面			编辑		
Ctrl + O	打开工作区		Delete	删除选定内容	删除
Ctrl + N	新建工作区		Ctrl + C	复制	复制
Alt + N	新建页面		Ctrl + V	粘贴	粘贴
Page Down	下一页	下一页	Ctrl + X	剪切	剪切
Page Up	上一页	上一页	Ctrl + A	全选	全部
Ctrl + S	保存工作区		F5	刷新	刷新
Alt + E	关闭当前页面	关闭	F6	单个元素	单个元素
Ctrl + P	打印		F7	选择组件	组件
F3	缩放至原始大小	缩放至原始大小	Shift + G	添加到块	添加到块
F4	按窗口缩放	按窗口缩放	Alt + G	拆解	拆解
Alt + Shift + G	打开/关闭网格	网格	Ctrl + G	创建块	块
绘制			Ctrl + Z	撤销上次操作	
F11	上电位	上	Ctrl + Y	恢复	
F12	下电位	下	Alt + S	打开/关闭捕捉元素	捕捉元素
Ctrl + 1	1 线	1 线	Alt + T	打开/关闭元素跟踪标记	元素跟踪标记
Ctrl + 2	正交布线	正交布线	插入符号		
Ctrl + 3	3 线	3 线	Z 或 +	逆时针旋转90°	
Ctrl + T	新建文本		X 或 –	顺时针旋转90°	
Ctrl + E	编辑文本		A 或/	缩小 1/2	
Shift + C	绘制圆	圆	S 或 *	放大 2 倍	
Shift + E	绘制椭圆	椭圆	L	线形多插入	
Shift + L	绘制线	线	R	矩形多插入	
Shift + R	绘制矩形	矩形	0	提示数量	
选择			机柜		
Ctrl	单个选择		F7	选择导轨上的组件	
Shift	连续选择		Ctrl + Shift	选择多个组件	

参 考 文 献

[1] 何利民，尹全英 . 电气制图与读图 ［M］. 3 版 . 北京：械工业出版社 . 2011.

[2] 张应龙 . 电气工程制图与识图 ［M］. 北京：化学工业出版社 . 2015.

[3] 王素珍 . 电气工程 CAD 实用教程 ［M］. 北京：人民邮电出版社 . 2012.

[4] 李晓玲，蓝汝铭 . 电气工程制图 ［M］. 西安：西北工业大学出版社 . 2010.

[5] 王俊峰，等 . 精讲电气工程制图与识图 ［M］. 北京：机械工业出版社，2008.

[6] 孙开元，郝振洁 . 机械制图工程手册 ［M］. 北京：化学工业出版社，2018.